高等学校"十三五"规划教材

定量分析化学实验

周文峰　鲁润华　主编

北京·

内 容 提 要

《定量分析化学实验》共分为两大部分，基础部分包括定量分析化学实验的基本知识、基本操作、常用分析仪器的原理及使用方法等，实验部分有基本实验、拓展实验、设计实验以及自拟方案实验四个层次。本书共收入基本实验 25 个，拓展实验 13 个，设计实验 15 个，自拟方案实验 12 个。为加强学习效果，基本操作视频配有二维码，扫码即可观看。本书几乎涵盖了分析化学实验课程所涉及的全部实验，难度有层次，适合化学专业和近化学专业学生使用，且所涉及的实验内容有农业院校特色。

《定量分析化学实验》可作为高等农、林、理、工、医以及化学等专业本科生的教材，也可供硕士研究生化学基本科研训练参考。同时，还可作为相关专业技术人员的学习、参考资料。

图书在版编目（CIP）数据

定量分析化学实验/周文峰，鲁润华主编. —北京：化学工业出版社，2020.5（2025.2重印）
高等学校"十三五"规划教材
ISBN 978-7-122-36253-7

Ⅰ.①定…　Ⅱ.①周…②鲁…　Ⅲ.①定量分析-化学实验-高等学校-教材　Ⅳ.①O655-33

中国版本图书馆 CIP 数据核字（2020）第 030600 号

责任编辑：宋林青　　　　　　　　文字编辑：刘志茹
责任校对：李雨晴　　　　　　　　装帧设计：关　飞

出版发行：化学工业出版社（北京市东城区青年湖南街 13 号　邮政编码 100011）
印　　装：北京科印技术咨询服务有限公司数码印刷分部
787mm×1092mm　1/16　印张 11½　彩插 1　字数 281 千字　　2025 年 2 月北京第 1 版第 4 次印刷

购书咨询：010-64518888　　　　　　售后服务：010-64518899
网　　址：http://www.cip.com.cn
凡购买本书，如有缺损质量问题，本社销售中心负责调换。

定　　价：28.00 元　　　　　　　　　　　　　　　　　　版权所有　违者必究

《定量分析化学实验》编写人员名单

主　　编：周文峰　鲁润华

副 主 编：张三兵　熊艳梅

编写人员（以汉语拼音为序）：

高海翔　李　静　鲁润华　毛朝姝

饶震红　舒展霞　王金利　熊艳梅

张佩丽　张三兵　周文峰

前　言

定量分析化学实验是中国农业大学化学理科基地本科生的一门核心专业课程，随着时代的发展，该课程的学时数及教学内容也有较大的调整。因此，原来使用的教材已不能适应新的培养目标和教学要求。为适应教学改革的需要，在中国农业大学本科生院教材立项的支持下，特编写本教材。

定量分析化学实验在本科教学中具有重要的作用，其目标是：加深学生对理论课定量分析化学的基本理论、基础知识的理解及应用；正确掌握基本的操作技能和常见、典型的分析方法，掌握常见类型样品的处理方法；确立"量"的概念，正确选择合适的分析仪器，以达到实验要求的准确度和灵敏度；能正确分析、处理实验数据，规范撰写实验报告。因此，实验教材既要包含实验室安全、具体的实验操作，也要包含理论结合实践的应用，使学生经过有限课时实验课的学习，既能牢固掌握基本操作，具备良好的专业素质，又具有良好的团队协作精神及心理素质。

本教材所选择的实验内容与新的教学改革方案、培养目标及理论课程相匹配，既聚焦定量分析化学实验，又体现对基本操作、数据处理、团队合作、心理素质及绿色环保等方面的训练，以在相对较少的学时内实现定量分析化学实验的教学目标。

本书的编写按照由浅入深、循序渐进的层次进行编排，主要分为基础和实验两大部分，基础部分主要包括定量分析化学实验的基本知识、基本操作、常用分析仪器的原理及使用方法等内容。实验部分有分析化学基本实验、拓展实验、设计实验以及自拟方案实验四个层次，其中每一部分均按照定量分析化学理论课所介绍的反应类型进行归类，做到了理论与实验的紧密结合。设计实验以及自拟方案实验主要是为了培养学生综合运用知识的能力及创新能力。

本书为化学理科基地专业核心课定量分析化学实验的必用教材，在本科教学中具有重要的作用。该教材紧密结合课程培养目标、教学大纲及实验安排，在新版培养方案的框架内，结合化学类专业化学实验教学建议内容进行编写，对实验教材的内容进行改革和整合，使得实验教材内容和培养目标、课程目标有机结合起来，并且使整个实验教材体系与理论课程相匹配。所选择实验内容具有专业特点，体现农业院校专业特色。

本教材有配套的电子资源，包括实验室基本知识和安全常识自测题、基本操作自测题、英文实验报告模板、基本操作视频、自测题答案等，将会提高实验课程课堂教学效率，利用有限的实验教学学时，达到更好的教学效果。这是本教材的亮点之一。

参加本书编写的有（按姓氏笔画）：李静（实验8、实验11、实验17、实验21、实验

22、实验 38、实验 42、实验 44～实验 46)、张三兵（1.1、1.2、2.1～2.6、3.1、3.2、实验 1、实验 5、实验 6、实验 14～实验 16、实验 36、实验 37、实验 43、实验 49、二维码 01、02、03、06、30 对应电子资源）、周文峰（2.7、3.5、实验 2～实验 4、实验 10、实验 13、实验 23～实验 25、实验 29～实验 31、实验 33～实验 35、实验 53、二维码 10、14、17、22、28、30 对应电子资源）、高海翔（实验 47、实验 52）、鲁润华（3.3、3.4、实验 12、实验 18、实验 19、实验 48、实验 50、实验 51、4.8）、熊艳梅（实验 7、实验 9、实验 20、实验 26～实验 28、实验 32、实验 39～实验 41）。参加编写的还有中国农业大学化学实验中心的毛朝姝、饶震红、张佩丽、王金利、舒展霞。

本教材在编写过程中参考了兄弟院校的一些教材并借鉴了其中的部分内容，并得到中国农业大学、化学工业出版社的大力支持和帮助，在此一并致谢。

由于编者水平所限，书中难免有不尽人意与不妥之处，敬请读者提出宝贵意见。

编　者
2019 年 11 月

目 录

附录 ·· 164

参考文献 ··· 176

第1章

定量分析化学实验基本知识

1.1 定量分析化学实验安全知识

1.1.1 实验室规则

（1）实验前

实验前要认真预习，明确实验目的，熟悉实验基本原理，了解实验所用的试剂和仪器，对于实验注意事项要做到心中有数。应提前写好预习报告，预习报告要格式正确、字迹工整。

（2）实验中

① 遵守课堂纪律，严禁迟到早退。

② 保持安静，严禁高声喧哗和追逐打闹。

③ 保持操作台面的干净整洁，所用仪器应摆放整齐、有序，废弃物应弃于指定位置。

④ 遵从教师的指导，严格按照实验步骤进行实验。遇到突发问题时，应保持冷静，并及时报告指导教师。

⑤ 实验操作要严格规范，仔细观察实验现象，并及时认真做好记录，所有原始数据均应记录在实验记录本的指定位置，不得篡改、编造数据。

（3）实验后

① 洗涤、收拾好所用实验仪器，做到所用器具回归原位，整理实验台面。

② 及时撰写并上交实验报告。

③ 值日生值日，整理公用仪器，处置好实验废弃物，关好水、电、气、门和窗等。

④ 严禁将实验室物品带离实验室。

1.1.2 化学实验室的安全知识

实验室安全包括人身安全及实验室、仪器设备等的安全。在分析化学实验中，玻璃仪器、易燃、易爆、腐蚀性和有毒试剂的使用，存在潜在的安全问题，如操作不当，极可能发生烫伤、割伤、腐蚀等人身安全事故和燃气、电源、易燃易爆等化学品带来的火灾和爆炸事故，还可能发生漏水事故。因此，重视安全操作、熟悉安全事故处理方法和要点是非常必要的。但也不能因为恐惧而缩手缩脚不敢做实验。为此必须注意以下安全事项：

① 在实验室不得饮食，严禁吸烟，一切化学品严禁入口。

② 进实验室必须穿实验操作服、戴防护眼镜。不允许穿拖鞋、凉鞋、带钉鞋和裙子、短裤等，过肩长发须扎起。

③ 凡涉及有毒气体的实验，都应在通风橱中进行。

④ 用到易挥发性物质时，须戴防护面具或口罩。

⑤ 废液和废物均倒入指定的回收容器中。

⑥ 使用电器设备时，不得用湿手接触电闸和开关，不得用手或其他物品接触电器设备的电路连接处。刚使用完的电炉不得马上置于其他物品之下，须等电炉降温后再行摆放归位。

⑦ 使用强酸、强碱等腐蚀性试剂时，必须戴乳胶手套在通风橱内取放。

⑧ 使用易燃、易爆试剂时，必须远离明火或其他强热源设备，使用后及时封存。

⑨ 分析天平、分光光度计等精密仪器，必须严格按照操作规程使用，并须在使用记录本上记录仪器的运行情况。

⑩ 离开实验室时，必须洗手。

1.1.3　实验室中意外事故的紧急处理

实验室备有小药箱，以供发生事故临时处理之用，如伤情严重，需在紧急处理后及时将伤者送医就诊。

（1）割伤

如无异物进皮肤，可用棉棒蘸酒精或碘伏消毒伤口，并用创可贴或消毒纱布缠住伤口。如有异物进入皮肤，需紧急止血后就医处理。

（2）烫伤

在烫伤处抹上苦味酸溶液或烫伤软膏。

（3）酸腐蚀

立即用大量自来水冲洗，然后涂抹碳酸氢钠软膏。如果酸溅入眼内，先用大量水冲洗，然后用1%碳酸氢钠溶液冲洗，最后再用清水冲洗。

（4）碱腐蚀

立即用大量水冲洗，然后用1%柠檬酸或硼酸溶液洗，最后用清水冲洗。如果碱溅入眼内，也用此法。

（5）白磷烧伤

用1%硫酸铜、1%硝酸银或浓高锰酸钾溶液处理伤口后，送医院治疗。

（6）溴、氯吸入

吸入少量酒精和乙醚的混合蒸气以解毒，同时应到室外空旷处呼吸新鲜空气。

（7）火灾

酒精等可溶于水的溶剂着火，可用水扑灭。汽油、乙醚等不溶于水的溶剂着火，不能拿水灭火，否则火灭不掉，反而会扩大着火范围，应该用沙土盖灭。导线等电器着火，须先切断电源，再用 CCl_4 灭火器灭火。如所穿着的衣服着火，应该在隔离区躺到地上翻滚或用湿布抽打着火衣服，切不可慌乱奔跑，因为空气的迅速流动会加快燃烧。

01　实验室安全
知识自测题

（8）触电

首先切断电源，用绝缘物将触电者和电源隔离，并送医救治。

1.1.4　实验室三废处理

根据绿色化学的基本原则以及教学实验的现实条件，化学实验室应尽可能选择对环境无毒害的实验项目。对无法避免有毒害物质的实验项目所排出的废气、废液和废渣，应及时回收处理。

（1）实验室废气

实验室凡产生废气的实验都需要安排在通风橱中进行，若排放毒性较大的气体还应在排入大气前，采用活性炭、分子筛和氧化剂等通过吸附、吸收、氧化等方法进行预处理。

（2）实验室废液

实验室产生的废液种类繁多，组成变化大，需要具体情况具体对待。

① 用活性炭、树脂和分子筛吸附去除稀废水中的苯、苯酚、铬离子和汞离子等。

② 废洗液可用高锰酸钾氧化使其再生。

③ 含汞、铬的酸性废水，加铁屑还原后，再加石灰乳中和。

④ 对于重金属离子，可加碱和 Na_2S 将重金属沉淀为氢氧化物和硫化物。

02　实验室三废
处理自测题

⑤ 有机废水可用萃取法浓缩，常用的萃取剂有磷酸三丁酯、三辛胺、油酸、亚油酸等。

（3）实验室废渣

实验室固体废弃物经回收、提取有用物质后，其残渣方可进行填埋或焚烧处理。

1.2　定量分析化学实验的一般知识

1.2.1　定量分析化学实验的目的和要求

定量分析化学实验是化学专业及应用化学专业的核心课程之一，它是分析化学不可分割的重要组成部分，学好定量分析化学实验可为后续课程的学习和将来从事理论研究和实际工作打好基础。

① 本课程可使学生加深理解分析化学的基本理论、基础知识和实际应用。

② 正确掌握定量分析化学的基本操作技能和典型分析方法。

③ 确立"量"的概念，在实验中能根据准确度的要求，正确选择合适精度的仪器；能正确处理实验数据和表示分析结果；了解并掌握影响分析结果的主要因素和关键环节。

④ 通过典型实验，能针对实物样品选择适当的分析方法并能独立完成分析方案的设计，提高分析问题和解决问题的能力。

⑤ 培养严谨和实事求是的实验态度、良好的科学作风和科研素养。

⑥ 培养良好的实验习惯，包括准备充分、操作规范、记录简明及良好的环保、节约和公德意识。

1.2.2　定量分析化学实验（预习）报告的撰写

(1) 撰写实验（预习）报告

① 掌握实验原理，能够做到理论联系实际和实验结果反馈于理论。

② 了解实验中所用的试剂、仪器及仪器使用方法。

③ 了解实验操作中的常见问题及处理方法，如酸碱滴定管的读数和排气泡等。

④ 掌握实验具体步骤，了解实验设计思路，做到心中有数。

⑤ 掌握实验数据的处理方法。

⑥ 按照要求写出实验（预习）报告，需要符合预习和实验报告格式，可自行组织化学语言描述具体内容。

(2) 定量分析化学实验（预习）报告格式

【实验目的】

了解通过实验能学到和掌握的知识和技能。

【实验原理】

理解实验的具体原理，能用简洁明了的语言表达实验原理。

【仪器及试剂】

列出实验所需试剂和仪器，并有针对性地了解所用试剂的物理、化学性质，以及所用仪器的操作方法和注意事项。

【实验步骤】

掌握实验的具体操作步骤，能够用自己的语言或流程图等进行描述。在实验过程中，能够仔细观察实验现象并记录。

【数据处理】

掌握实验数据的处理方法，了解数据的表现形式以及有效数字的运算规则。

【结论】

完成实验和处理数据后，能够理论联系实际，阐明通过实验而得到的结论。

【思考题】

思考题是对实验中经常出现问题的展现，通过做思考题有助于了解实验中可能存在的问题。

【实验总结】

总结实验过程中的得与失，尤其是能正视实验过程中的失误并分析其出现的原因。

除以上前四项外，还包括实验名称、实验日期和数据记录表格，应在预习时写好。实验结束时，将实验报告交给教师。

附：实验（预习）报告格式示例

实验名称

班级　　　　　　实验人　　　　　实验日期

【实验目的】

【实验原理】

【仪器及试剂】

【实验步骤】（附装置图）
1.
2.
【数据处理及结论】（附表或图）

【思考题】
1.
2.
【实验总结】

03　英文实验（预习）
报告格式示例

1.2.3　实验记录、实验数据处理及实验结论表述

（1）实验记录

实验记录是进行化学实验必不可少的一个关键环节。准确、及时和全面地记录实验数据和实验现象，对于实验结果和结论分析的重要性是毋庸置疑的。实验记录一般要求如下：

① 应有专门的标有页码的实验记录本，不得随意记录在单页纸、教材或手上，不得随意撕掉实验记录本的任何一页。实验的原始数据须经指导教师签字确认。

② 实验过程中的数据及相关实验现象，应及时、准确地记录在实验记录本的相应位置，不得随意涂改。记录时，应保持严谨求实的态度，不得带有主观色彩。

③ 实验过程中，如要重做实验，应重新绘制实验数据记录表格，不得在原表格进行涂改。

④ 如有中途停止的实验，其实验数据不得涂掉，应在相应位置予以注明。

⑤ 确因其他原因导致数据记错，仅需在原数据上划线删掉，在旁边写上正确的数据，并予以说明，不允许涂黑或使用涂改液等进行涂改。

⑥ 定量分析化学实验数据均需要按照实际情况保留一定位数的有效数字，使所记录的数据能够体现出所用仪器和实验方法所能达到的准确度。

⑦ 记录需用蓝色或黑色钢笔或中性笔等不易被涂改的笔进行记录，不得用铅笔记录。

⑧ 记录需字迹工整、清晰。

（2）实验数据表述

对实验数据和结果进行记录、处理并以书面形式展现，是科研素养培养的一个方面。清晰、简洁明了的数据表现形式，给自己和读者一种赏心悦目的感觉，并能够通过这种表现形式使人快速获得所需的信息。在定量分析化学实验中，数据的表现形式主要有以下两种。

① 列表法　列表法是最基础和最简单的一种数据表现形式。将实验数据列入设计合理的表格内，便于观察实验数据和计算实验结果。

② 作图法　用作图法表示实验数据，有助于显示出自变量和因变量间的关系。在定量分析化学实验中，一般只涉及一个自变量和一个因变量。作图时，自变量在横轴，因变量在纵轴。

1.2.4　定量分析化学实验成绩评定

定量分析化学实验成绩的评定既是整个教学过程的重要一环，也是培养学生重视实验操作、养成严谨的实验态度的重要手段。

（1）实验前预习情况

预习是定量分析化学实验过程中的重要环节。凡未进行预习的学生一律不得进行实验。指导教师在上课后应检查所有学生的预习情况，可通过查看学生的预习报告、提问以及课前测验等多种方式对学生的预习情况给予评分。

（2）考勤及纪律

化学实验的特殊性要求实验人员在实验期间严格遵守考勤纪律。

实验不认真、态度不端正，不遵从指导教师指导或不遵守实验规则和课堂纪律者，成绩酌情扣分，情节严重者取消实验资格。

（3）实验操作技术规范

教学实验的目的之一是使学生掌握规范的实验操作技术。指导教师在学生预习的基础上，提纲挈领地讲授实验原理以及注意事项，并示范基本实验操作。学生开始实验后，指导教师对学生的实验操作进行观察并对错误操作予以指正。指导教师还可随机抽检学生的实验操作，根据操作表现予以评定该项成绩。

（4）实验结果的准确度、精密度和有效数字表达

定量分析化学实验课是一门重视"量"的课程，所以数据的客观性、真实性、精密度和准确度是考查学生掌握实验技术情况的重要指标。学生不得抄袭、篡改实验数据，否则将会影响实验成绩。学生做完实验后，指导教师将学生的实验结果与标准值对比，予以评价，数据的准确度评分以学生数据和标准值的相对误差大小来评价，精密度评分以学生数据的相对偏差来评价。同时还对数据的有效数字进行评价。

（5）实验报告撰写情况

撰写规范的实验报告是科学训练的重要内容之一。实验报告的撰写要求是：格式正确，条理清楚，字迹工整，数据可靠，图表清晰，结论正确，内容简明深入。指导教师应据此进行评分。

第 2 章
定量分析化学实验基本操作技术

2.1 实验室用水的规格与制备

　　纯水是分析化学实验中最常用的溶剂和洗涤溶剂。根据分析任务和要求的不同，对水质的要求也不同。在分析化学实验中，既不能直接用自来水或其他天然水，也不能一味选用成本较高的高纯水，而应根据需要将水纯化，制备能满足分析实验室工作要求的纯水。一般实验室常用的纯水为去离子水，其中的电解质几乎完全除尽，同时，其他吸附性物质和沉淀类物质也被消除到最低程度。

2.1.1 实验用水规格及技术指标

　　我国于 1986 年颁布了"分析实验室用水规格和试验方法"的国家标准，并定期进行修改。目前采用的是 GB/T 6682—2008 国家标准，其中规定了实验室用水的技术指标、制备方法和检验方法等（表 2-1）。

表 2-1　分析实验室用水的级别和主要技术指标（引自 GB/T 6682—2008）

指标名称	一级	二级	三级
pH 值范围(25℃)	—	—	5.0~7.5
电导率(25℃)/mS·m^{-1}	≤0.01	≤0.10	≤0.50
可氧化物质含量(以 O 计)/mg·L^{-1}	—	≤0.08	≤0.4
蒸发残渣(105℃±2℃)含量/mg·L^{-1}	—	≤1.0	≤2.0
吸光度(254nm,1cm 光程)	≤0.001	≤0.01	—
可溶性硅(以 SiO$_2$ 计)含量/mg·L^{-1}	≤0.01	≤0.02	—

　　分析实验室用水可分三个级别：一级水、二级水和三级水。一级水可由二级水经石英设备蒸馏或离子交换混合床处理后，再经滤膜过滤得到，用于有严格要求的分析实验，如高效液相色谱分析用水；二级水可由离子交换或多次蒸馏方法制取，用于无机痕量分析实验，比如光谱分析用水；三级水可用蒸馏、去离子（离子交换及电渗析）或反渗透等方法制取，用于一般化学分析实验，或作为原水用于制备二级水和一级水。

在定量分析化学实验中，主要使用三级水，有的实验使用二级水；而在仪器分析实验中主要使用二级水，有的甚至需要使用一级水。

2.1.2　纯水的制备方法

（1）蒸馏法

蒸馏法制纯水的原理是利用水和杂质挥发性的差异，采用蒸馏方法将水与杂质分开，常用的蒸馏器具有玻璃、石英和不锈钢等。用蒸馏法制纯水的优点是操作简便，可以除去非离子杂质和离子杂质，缺点是产量低、成本高，且不能完全除去溶解在水中的气体杂质。

（2）离子交换法

离子交换法制备的纯水称为去离子水，其原理是利用磺酸型阳离子交换树脂和季铵型阴离子交换树脂的离子交换作用将水中的阳离子和阴离子分别除去，实验室常用的简易离子交换装置由三根交换柱连接而成，交换柱常用聚乙烯或有机玻璃管制成。此方法的优点是操作简便、设备简单、出水量大、成本低，能除去绝大部分盐类、碱和游离酸，缺点是不能除去有机物和非电解质。要获得既无电解质又无非电解质和微生物等杂质的纯水，还需要将离子交换水再进行蒸馏。

（3）电渗析法

电渗析法是在离子交换技术基础上发展起来的，其原理是在外加电场的作用下，利用阴、阳离子交换膜对溶液中离子的选择性透过而除去离子型杂质，从而得到纯水。该方法的优点是电渗析器的使用周期比离子交换柱长，再生处理比离子交换柱简单，缺点是电渗析法也不能除去非离子型杂质。

2.1.3　纯水的检验方法

纯水的检验主要有物理方法和化学方法两类。

（1）电阻率

测定纯水的比电阻，属于物理方法，其原理是根据水中所含导电杂质与比电阻之间的关系间接测定水纯度。通常是用电导率仪测定水的电阻率，水的电阻率越高，电导率越低，表明水中的离子越少，水的纯度越高。25℃时，电阻率为 $10M\Omega \cdot cm$ 的水称为纯水。

（2）pH 值

用酸度计测定与大气相平衡时纯水的 pH 值，一般应为 6.6 左右。也可采用简易化学方法鉴定，取 2 支试管，各装待检测水 10mL，一支加 2 滴 0.2% 甲基红指示剂（变色范围：pH 4.4～6.2），不得显红色；另一支滴加 5 滴 0.2% 溴百里酚蓝指示剂（变色范围：pH 7.6～9.6），不得显蓝色。

（3）阳离子的检测

取 10mL 待测水，加 3～5 滴氨性缓冲溶液，调节 pH 值至 10 左右，再加 2～3 滴铬黑 T 试剂，若呈红色，表示有 Fe^{3+}、Cu^{2+}、Pb^{2+}、Zn^{2+}、Ca^{2+} 和 Mg^{2+} 等阳离子中的一种或几种。

(4) 氯离子

取 10mL 待测水，加 1 滴 1∶3 HNO_3 酸化，加入 $0.1mol \cdot L^{-1}$ $AgNO_3$ 溶液 1～2 滴，若有浑浊，说明有 Cl^- 存在。

(5) 硅酸盐

取 30mL 待测水于试管中，加入 5mL 1∶3 HNO_3、5mL 5％钼酸铵溶液，室温下放置 5min，加入 5mL 新配制的 10％亚硫酸钠溶液，若溶液呈蓝色，说明有硅存在。

2.2 试剂的一般知识

2.2.1 试剂的分类

一般实验室所用的化学试剂分为四级：优级纯、分析纯、化学纯和实验试剂（表 2-2）。此外，根据特殊的使用目的，还有一些特殊的纯度标准，例如光谱纯、色谱纯、荧光纯和半导体纯等。在分析工作中并非所选试剂的级别越高越好，而是要和所用的分析方法、实验用水以及实验仪器等级相匹配。例如：一般无机实验用化学纯或实验试剂即可，分析实验一般选用分析纯试剂。

表 2-2　试剂规格和适用范围

级别	一级品	二级品	三级品	四级品
中文名称	优级纯	分析纯	化学纯	实验试剂
英文符号	G. R.	A. R.	C. P.	L. R.
标签颜色	绿色	红色	蓝色	棕色或其他颜色
一般用途	精密分析实验	一般分析实验	一般化学实验	一般化学实验辅助试剂

根据试剂纯度，还可有以下几类常用试剂。

标准试剂是衡量其他物质化学量的标准物质试剂，对主体物质含量的要求较高。

高纯试剂的主体物质含量的纯度与优级纯的相当，但杂质含量比优级纯和标准试剂的均低。

专用试剂是指具有特殊用途的试剂，例如光谱纯、色谱纯、荧光纯和半导体纯等。

2.2.2 试剂的包装和保管

① 固体试剂一般装在带胶木塞的广口瓶中。

② 液体试剂则装在细口玻璃瓶中。

③ 易腐蚀玻璃的试剂，如氟化物和苛性碱（如氢氧化钠）应储存在塑料瓶中。

④ 见光易分解的试剂，如过氧化氢、硝酸银、高锰酸钾等，与空气接触易被氧化的试剂，如氯化亚锡、硫酸亚铁等，以及易挥发的试剂，如溴，应放在棕色瓶内，并存放于暗处。

⑤ 受热易分解的试剂、低沸点的液体和易挥发的试剂，应保存在阴凉处，甚至在冰箱中冷藏或冷冻贮藏。

⑥ 吸水性强的试剂，如无水碳酸盐、氢氧化钠、过氧化钠等，应严格密封（蜡封）。

2.2.3　试剂的取用

（1）固体试剂

固体试剂可用洁净的牛角勺、塑料勺或不锈钢勺取用。药勺不能混用，用完要洗净、晾干。需要称量的固体试剂，可放在称量纸上称取；具有腐蚀性、强氧化性、易潮解、易风化的固体试剂，应将固体试剂放置于小烧杯、表面皿等容器中进行快速称取，要求严格时，需放在手套箱中称取。根据称量准确度的要求，可分别选择台秤或分析天平进行称取。称量的方法可采用差减称量法和固定质量称量法。

04　固体样品的取用

（2）液体试剂

液体试剂常用量筒进行量取，量筒的规格有 5mL、10mL、50mL 和 100mL 等。量取少量液体试剂时，可用滴管或移液管量取。对于 1mL 以下液体试剂的量取，常用移液器量取（见图 2-1～图 2-4）。

05　液体样品的量取

图 2-1　往试管中倒取液体试剂

图 2-2　往烧杯中倒入液体试剂

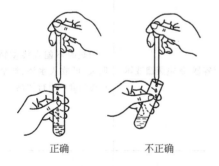

正确　　　　　不正确

图 2-3　往试管中滴加液体试剂

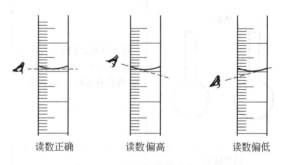

读数正确　　　读数偏高　　　读数偏低

图 2-4　量筒的读数方法

2.2.4　试剂的取用规则

试剂的取用规则主要概括为"安全、洁净、节约"，具体要求如下：

① 试剂不能与手接触，对于具有腐蚀性的试剂，需戴手套进行操作。取用挥发性试剂，应在通风橱内操作，取用毒性较强的挥发性试剂，还应戴防护面具。

② 取用试剂时应注意保持清洁。瓶塞不能随意放置，更不能随意混用，用完后需将瓶盖盖好，放回原处。

③ 要用洁净的药勺、量筒或滴管取用试剂，不可用同一量具不经洗涤连续取用多种试剂。

④ 已取出的试剂不能再放回原试剂瓶中。

⑤ 试剂瓶应贴有清晰的标签，写明试剂的名称、规格及配制日期等。

06 实验室用水及试剂自测题

2.3 常用玻璃器皿的洗涤和干燥

2.3.1 定量分析化学实验常用器皿

定量分析化学实验常用器皿介绍见表 2-3。

表 2-3 定量分析化学实验常用器皿介绍

名称	规格表示方法	一般用途及性能	使用注意事项
烧杯	玻璃、塑料材质，容积(V/mL)：25、50、100、250、400、1000 等	反应容器；配制溶液；溶解样品；溶液加热	加热时不能直接接触明火
烧瓶	玻璃材质，容积(V/mL)：25、50、100、250、500、1000 等，形状有圆底、平底之分	反应容器；加热蒸馏液体	加热时不能直接接触明火，可放入水浴、油浴或电热套中进行加热
凯氏烧瓶	玻璃材质，容积(V/mL)：25、50、100、250、500、1000 等	溶解有机物质(凯氏定氮法)	同烧瓶

名称	规格表示方法	一般用途及性能	使用注意事项
滴瓶	有无色、棕色之分,容积(V/mL):30、60、125 等	盛装滴加的试剂	见光易分解或易被氧化的试剂要盛在棕色滴瓶中;碱性试剂要盛放在橡皮塞的滴瓶中;酸或其他腐蚀胶帽的试剂不宜长久盛放于滴瓶中
锥形瓶	玻璃材质,容积(V/mL):50、100、250、500、1000、2000 等	反应容器;盛放被滴定溶液	加热时不能直接接触明火
碘量瓶	玻璃材质,容积(V/mL):50、100、250、500、1000、2000 等	上瓶口为磨口塞,用于碘量法	滴定之前,旋紧瓶塞,用洗瓶加水于瓶盖上进行水封;滴定时,用蒸馏水将瓶塞和瓶口的碘液冲入瓶内
洗瓶	玻璃、塑料材质,容积(V/mL):250、500 等	加入少量喷射状蒸馏水用;洗涤沉淀、洗涤容器	不能装自来水

名称	规格表示方法	一般用途及性能	使用注意事项
量筒、量杯	玻璃、塑料材质,容积(V/mL):5、10、25、50、100、250、500、1000、2000 等,量出式	粗略量取一定量的液体	沿壁加入或倒出液体,不能加热
称量瓶	玻璃材质,上口有磨口塞,从形状上分为高形和扁形两种	质量较小,可直接放于天平上称量;高形用于差减法称量固体样品,扁形用于测定样品中水分(挥发法)或在干燥箱中烘干基准物	称量瓶盖要密合,放于干燥器中
移液管	玻璃材质,容积(V/mL):1、2、5、10、15、25、50 等,量出式	准确移取一定体积的液体	量取液体之前需用待移取液润洗;如管身未标"吹"字样,不可在移取液体时将管尖的残留液吹出;不能加热
吸量管	玻璃材质,容积(V/mL):0.1、0.2、0.5、1.0、2.0、5.0 等,量出式	准确移取各种量的液体	同移液管

名称	规格表示方法	一般用途及性能	使用注意事项
容量瓶	玻璃材质,容积(V/mL):25、50、100、250、500、1000等,量入式,有无色、棕色之分	配制准确浓度的液体	瓶塞必须保持原配;不能漏水;不能加热
滴定管	玻璃材质,容积(V/mL):25、50、100等,量出式,分为酸式(磨砂玻璃活塞)和碱式(聚四氟乙烯活塞)	滴定分析中盛装滴定剂	不能加热;不能长期存放液体
比色管	玻璃材质,容积(V/mL):10、25、50等	目视比色法中用于装标准溶液或试液	不能加热;管塞必须原配;清洗比色管时不能用硬毛刷刷洗,以免磨伤管壁,影响透光度
坩埚	瓷、铁、银等材质,容积(V/mL):25、30等	高温灼烧固体样品	不能骤热骤冷

名称	规格表示方法	一般用途及性能	使用注意事项
研钵	陶瓷、玛瑙等材质,以口径分为 60、90mm	研碎固体样品	不能加热
干燥器	玻璃材质,以口径分为 150、180、210mm 等	存放样品和药品,以免吸收或失去水分,也可干燥少量样品	磨口处抹少量凡士林;底部放变色硅胶或其他干燥剂;刚灼烧过的样品放入干燥器后,需先留小缝,待降到室温后再封盖
玻璃砂芯漏斗	玻璃材质,以滤板孔直径从大到小分为 G_1、G_2、G_3、G_4、G_5、G_6 等,容积(V/mL):35、60、100、130、250、500、1000 等	减压过滤	新购置的砂芯漏斗使用前需用酸溶液进行抽滤,并用蒸馏水冲洗干净,烘干后使用;砂芯漏斗使用后须进行洗涤处理,以免因沉淀物堵塞而影响过滤效果;不能骤冷骤热
玻璃砂芯坩埚	玻璃材质,容积(V/mL):10、15、30 等	重量分析中烘干沉淀	同玻璃砂芯漏斗

名称	规格表示方法	一般用途及性能	使用注意事项
布氏漏斗和吸滤瓶	布氏漏斗为陶瓷材质,按直径分为 6cm、8cm 等;吸滤瓶为玻璃材质,容积（V/mL）:250、500、1000 等	减压过滤	不能加热
细口瓶和广口瓶	玻璃材质,容积（V/mL）:30、60、125、250、500、1000 等,有无色和棕色之分	细口瓶用于存放液体试剂;广口瓶用于存放固体试剂;棕色瓶用于存放见光易分解的试剂	不能加热;磨口塞保持原配;碱性溶液长期存放时应使用塑料瓶
普通漏斗	玻璃材质,有长颈和短颈之分	过滤用;引导液体或粉末状固体入小口容器时用	不能直接明火加热
分液漏斗	玻璃材质,按形状分为梨形和球形,容积（V/mL）:50、100、250、500 等	分离两种互不相溶的液体（萃取）	磨口塞必须原配,不能直接明火加热

2.3.2 玻璃仪器的洗涤

实验中所用玻璃、陶瓷材质仪器等的洁净程度严重影响着实验结果的准确度，因此分析化学实验中使用的实验器皿必须清洗干净。玻璃仪器洁净的要求为倒转过来的容器内壁不挂水珠，水也不成股流下，只均匀地附着一层水膜。

(1) 洗涤方法

① 用自来水涮洗，即可洗去仪器上附着的尘土及可溶性物质，还可润湿仪器表面。

② 用毛刷蘸取少量洗涤粉或去污粉刷洗，然后用自来水冲洗。

③ 用少量纯水洗涤 2～3 次。纯水标准依据实验要求选取蒸馏水、去离子水或高纯水等。

④ 带刻度的容器，如量筒、容量瓶、移液管等，以及比色皿，在洗涤时不能用毛刷刷洗内壁，以防影响其容积的准确性。对于这类玻璃仪器，应视其污垢种类、程度选用合适的洗液洗涤，然后用自来水冲洗净洗液，再用纯水洗涤 2～3 次。

(2) 常用洗涤剂

① 铬酸洗液

铬酸洗液是含有饱和重铬酸钾的浓硫酸溶液，具有强氧化性、强腐蚀性和强酸性，有很强的去污能力，适于洗涤无机物和部分有机物。

铬酸洗液的配制方法如下：取 20g 重铬酸钾研细，溶于 40mL 水中，搅拌下缓慢加入 360mL 浓硫酸。新配制的洗液为红褐色，氧化能力很强，当洗液用久后变为黑绿色，即说明洗液无氧化洗涤力，可加入固体高锰酸钾使其再生。

使用洗液洗涤步骤如下：先用水或去污粉洗涤玻璃仪器，尽量把玻璃仪器内的水倒掉，以免将洗液稀释（铬酸洗液被稀释后会降低其洗涤效果）。然后将适量洗液吸入或倒入待洗玻璃仪器，将玻璃仪器倾斜一定角度，使洗液布满全部玻璃仪器内壁。洗液使用过后须将洗液倒回原瓶。最后用自来水冲净洗液洗涤过的器皿，再用纯水洗涤 2～3 次。

使用铬酸洗液还应注意以下几点：

a. 铬酸洗液具有很强的腐蚀性和毒性，应避免沾到皮肤和衣服上，如不慎沾到皮肤上，应立即用水冲洗。

b. 重铬酸钾严重污染环境，应尽量少用，凡能用其他洗液洗涤的就不用铬酸洗液。

c. 铬酸洗液用后应倒回原瓶，可重复使用，因引入过多水导致过度稀释的洗液可在通风橱中通过加热蒸掉大部分水后重新使用。

d. 铬酸洗液倒入要洗的仪器中，应使仪器周壁全浸洗后稍停一会再倒回洗液瓶，然后用少量水冲洗刚浸洗过的仪器，废水不要倒在水池和下水道里，应倒入废液缸中。

② 合成洗涤剂

这类洗涤剂包括去污粉和洗洁精等，可有效洗涤油污及某些有机物。非精密玻璃仪器一般都可用合成洗涤剂洗涤，洗涤时，在润湿的玻璃仪器内，用毛刷蘸取洗涤剂刷洗，然后用自来水冲净泡沫，再用纯水洗涤 2～3 次。

③ 草酸洗液

取 8g 草酸溶于 100mL 水中，加少量浓盐酸配制。用于除二氧化锰、氧化铁等残污。

④ 盐酸-乙醇

将盐酸与乙醇按 1∶2 的体积比进行混合，用于洗涤比色皿、比色管和吸量管等。

⑤ 氢氧化钠-乙醇

将 120g 氢氧化钠溶于 150mL 水中，再用 95％的乙醇稀释至 1L，用于洗去油污及某些有机物。

⑥ 有机溶剂

采用丙酮、汽油、乙醚等有机溶剂来溶解有机残污，以达到清洗目的。

除常规洗液洗涤，还有一些特殊的玻璃仪器清洗方法，如超声波法、过热水蒸气法、高温灭菌法及灼烧法等。

2.3.3　玻璃仪器的干燥

玻璃仪器是否需要干燥要视实验要求而定，一般玻璃仪器无须专门干燥，如确需干燥，可采用以下方法对其进行干燥。

① 晾干：将洗干净玻璃仪器倒置于通风位置，自然风干。

② 吹干：用电吹风吹干洗干净的玻璃仪器。

③ 有机溶剂：将洗干净的玻璃仪器尽量沥干水，先加入少量乙醇（使用后的乙醇应回收到专用的回收瓶中），将容器倾斜转动，乙醇即与器壁内的水混合，然后倾出乙醇和水，最后用电吹风吹干。先吹冷风 1～2min，当大部分溶剂挥发后，再吹入热风使干燥完全（有机溶剂蒸气易燃烧和爆炸，不宜先用热风吹）。吹干后，再吹冷风使玻璃仪器冷却，否则被吹热的仪器经自然冷却后，内壁会凝结一层水汽。

④ 烘干：洗净的玻璃仪器放入恒温干燥箱内进行干燥。

2.4　常用的加热和干燥方法

实验中一般使用的加热设备有煤气灯、酒精灯、电炉、电热板、水浴、油浴和沙浴等。必须注意的是，玻璃仪器一般不能用火焰直接加热，因为火焰的温度变化和加热不均匀容易导致玻璃仪器的损坏。最简易的加热方式是使用电炉，加热时垫石棉网，但这种加热方式热利用效率较低，且相对不安全。实验室常根据具体情况而采用不同的间接加热方式。使用热浴时，其液面高度皆应略高于被加热容器中液体的液面。

2.4.1　水浴

当需要加热的温度在 80℃以下，且加热时间不长时，可将反应容器浸入水浴中（注意勿使容器底部触及水浴底部），见图 2-5。

图 2-5　水浴加热

2.4.2　油浴

在 $100 \sim 250$℃ 或室温到 100℃ 但加热时间较长时，可用油浴加热。常用的油浴介质及其性质如下。

透明石蜡油可加热到 220℃，甘油可加热到 $140 \sim 150$℃，过高则易分解。硅油和真空泵油在 250℃ 以上仍较稳定，但其价格昂贵。蜡或石蜡可加热到 220℃ 左右，优点是室温时它们是固体，便于储存，但是加热完毕，在其凝固之前，需提前取出贮于其储存容器中。

油浴加热时通常借助于不带搅拌装置的专用油浴锅、磁力加热搅拌器或者集热式磁力搅拌器等，在加热过程中需避免加热油中溅入水。

2.4.3　电热套

电热套是玻璃纤维包裹着电炉丝织成的碗状电加热器，最高加热温度可达 400℃ 左右。电热套的容积一般应与待加热烧瓶的容积相匹配。使用电热套时，应避免液体溅落到电热套玻璃纤维上，否则易导致漏电和短路。

2.4.4　电炉

一般所指为电阻炉，其利用发热体来产生热源，将电能转变为热能。按功率大小有 $500W$、$800W$ 和 $1000W$ 等规格，按构造分为直接加热电阻炉和间接加热电阻炉（电热板）。直接加热电阻炉使用时一般应在电炉丝上放一块石棉网，然后再放需加热的仪器，这样可以增加加热面积，从而有效利用热量，也可使加热仪器受热均匀。目前使用较多的电炉为没有明火的间接加热电阻炉，需加热仪器可直接放在其金属表面进行加热。

2.4.5　电热恒温干燥箱

电热恒温干燥箱，通常又称烘箱，用于均匀且长时间地恒温加热器皿和样品，如烘干玻璃器皿、基准物质、样品及沉淀等，一般最高温度可达到 300℃。干燥箱的加热原件为两组电热丝，一组为辅助加热，用于急需在短时间内加热升至高温；另一组用于保持恒温，其发热单元与自动控温系统相接。

常用的干燥箱有两种。一种是箱内热传导靠自然对流，主要用于对烘干速度要求不高的物品烘干。另一种是箱内热传导用机械鼓风的方法，因此又称为电热鼓风干燥箱，其原理是热风循环烘干，箱内温度较均匀，被烘物能迅速干燥。鼓风干燥的缺点是容易氧化被烘物品的表面物质，或者损伤被烘物品的表面结构。

使用电热恒温干燥箱时应注意：①不能用于含有易挥发性化学溶剂、低浓度爆炸气体、低着火点气体等易燃易爆和具有腐蚀性物品的烘干；②应将被烘物品置于适当的器皿中，然后再移入干燥箱内的上部或中部的网架上，切不可将被烘物品放在干燥箱下部的底板上（因底板直接受电热丝加热，温度远高于干燥箱所设定的温度）；③使用快速辅助加热时，实验人员不能离开现场，应不断观察升温情况。待升至所需温度时，将开关拨到恒温系统（辅助加热时两根电炉丝同时工作，容易造成温度失控）；④使用过程中要随时检查箱内温度是否在规定的温度范围内，发现问题及时关停干燥箱，并找专业人员维修；⑤使用温度不能超过干燥箱的最高允许温度，用毕要及时关停并切断电源。

2.4.6 真空干燥箱

真空干燥箱是利用真空泵将干燥箱内的空气抽空，形成负压，并适当通过加热达到负压状态下的沸点，使蒸发和沸腾同时进行，以加快汽化速度。同时，抽真空又能快速抽出已汽化的蒸汽，从而使物料的内外层之间及表面与周围介质之间形成较大的湿度梯度，达到加快汽化、快速干燥的目的。真空干燥箱是专为干燥热敏性、易分解和易氧化物质而设计的。

真空干燥箱的使用步骤一般为：①将需干燥的物品放入箱内，关闭放气阀，开启真空阀，接通真空泵电源开始抽气，使箱内真空度达 $-0.1\mathrm{MPa}$ 时，先关闭真空阀，后关闭真空泵电源停止抽气（无真空阀的可直接关闭真空泵电源）；②把干燥箱电源开关拨至"开"处，设定所需温度；③干燥结束后应先关闭干燥箱电源，开启放气阀，缓慢解除箱内真空状态，再打开箱门取出物品。

使用注意事项：①不得对易燃、易爆、易产生腐蚀性气体的物品进行干燥；②不可在真空干燥箱加热状态下放置样品，需确保在加热关闭状态下放置样品；③放置样品时，四周应留存一定空间，保持箱内气流畅通；④干燥的物品如干燥后质量变轻、体积变小，应在箱内抽真空口加隔阻网，以防干燥物吸入而损坏真空泵（或电磁阀）；⑤不得放入任何液态溶剂以及真空状态下燃点、沸点降低至 150℃ 以下的样品。

2.4.7 冷冻干燥机

冷冻干燥也属于真空干燥，利用冰晶升华的原理，在高度真空的环境下，将已冻结的物料的水分不经过冰的融化直接从冰升华为蒸汽，而一般真空干燥物料中的水分是在液态下转化为气态干燥的，故冷冻干燥又称为冷冻升华干燥。冷冻干燥的优点是：①干燥后的物料保持原来的化学组成和物理性质（如多孔结构、胶体性质等）；②热量消耗比其他干燥方法少。缺点是费用较高，不能广泛使用。

冷冻干燥机的使用步骤：①打开冷冻干燥机总电源，启动制冷机，预冷 30min 以上；②将预冻物品放入冷冻干燥机，打开真空计，启动真空泵开始干燥；③结束干燥后，启动充气阀，并立即关闭真空泵和真空计；④取出干燥样品后，先关闭制冷机，再关闭冷冻干燥机的总电源开关。

使用注意事项：①待干燥物品需进行预冻，在低温冰箱或液氮中冰冻结实后，方可放入冷冻干燥机进行冷冻干燥；②冻干结束后，缓慢旋开"充气阀"向冷阱充气，以防冲坏真空计；③一般情况下，冷冻干燥机不得连续使用超过48h；④冷阱中的冰融化成水后，打开"放水阀"将水排出。

2.4.8 马弗炉

马弗炉炉膛为正方形，其内炉膛多为氧化铝涂层，加热元件有：电炉丝、硅碳棒、硅钼棒，最高加热温度可达1700～1800℃。使用时，打开炉门放入要加热的坩埚或其他耐高温容器。需要注意的是在马弗炉内不能加热液体和其他易挥发的腐蚀性物质，而且注明为高温马弗炉的不能在低温下使用，如硅钼棒通常可使用的炉体温度为1600～1750℃，不宜在400～700℃范围内长期使用，否则元件会因低温的强烈氧化作用而粉化。

目前马弗炉向微型化、可通气及数字化调控模式发展，但大型公共实验室使用较多的仍然是体积较大的传统马弗炉。

2.4.9 管式炉

管式炉内部为管式炉膛，多为瓷质或石英材质。将待加热物质放入瓷舟或石英舟，再推瓷舟或石英舟进入瓷管或石英管的中心恒温区域。管式炉具有如下优点：①温度可多段程序控制，控制精度高，可做到±1℃；②可通气氩气或反应气进行反应，所需的反应气和尾气可通过导管引出；③可进行真空反应。由于管式炉一专多能，不再是简单的加热设备，同时也是反应器，因此目前管式炉已成为实验室必备的加热及反应仪器。

2.5 样品的称量

2.5.1 托盘天平（台秤）

托盘天平为粗略称重仪器，一般最小称样量为0.1g。托盘天平的原理为杠杆原理，其构造为：带有刻度尺的横梁架在台秤座上，横梁左右各有一个托盘，两盘中间有指针。称量前，要先确认托盘天平的零点是否在指针的刻度线正中间。称量时，将固定质量的砝码放在右边托盘，待称取物放在左边托盘，当指针处于刻度线正中间时，表明待称取物的质量为右边砝码的总质量。10g以下质量可移动游码来添加（图2-6）。

称量时注意以下几点：待称物不能直接放在托盘上；不能用来称热的物品；称量完毕，需将砝码及时放回砝码盒，游码移至"0"刻度线。

2.5.2 电子天平

电子天平为用电磁力来平衡被称物品重力的天平，由于其具有称量精准、操作方便等优

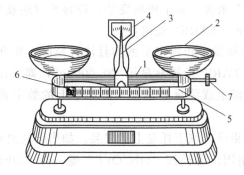

图 2-6　托盘天平

1—横梁；2—托盘；3—指针；4—刻度盘；5—游码标尺；6—游码；7—平衡调节螺丝

良性能，使它在分析化学实验中的应用越来越广泛。

(1) 电子天平简介

目前电子天平主要为上皿式（即顶部承载式），也有悬盘式，但较少见。可以自动校正，一般多为内校式（标准砝码装在天平内，触动校准键后，电机自动加码进行校准），而外校式（附带标准砝码，校准时加到托盘上）较少。

电子天平按其精度（分度值）可分为以下几类。

① 超微量电子天平：最大称量值为 $2\sim5g$，其标尺分度值小于最大称样量的 10^{-6}。

② 微量电子天平：最大称量值为 $3\sim50g$，其标尺分度值小于最大称样量的 10^{-5}。

③ 半微量电子天平：最大称量值为 $20\sim100g$，其标尺分度值小于最大称样量的 10^{-5}。

④ 常量电子天平：最大称量值为 $100\sim200g$，其标尺分度值小于最大称样量的 10^{-5}。

常见电子天平的键盘功能如下：

① ON/OFF，显示开关键。开启和关闭均需按一下此键，有些天平在关闭时需长按此键。

② TARE，清零、去皮键。

③ CAL，校准键，天平校准时使用此键。

④ PRINT，输出键，一般不用。

(2) 电子天平使用方法

电子天平是精密仪器，使用时要认真、仔细，严格遵守电子天平的使用规程，才能快速、有效地完成称量工作。现以万分之一天平为例进行介绍。

① 使用前的检查与准备　取下天平罩，折叠平整后放到天平箱上方或一旁。检查托盘是否清洁，如有灰尘或洒落的样品，应用专用小毛刷轻轻拂去。

② 水平调节　观察水平仪水泡（在天平后面）是否偏移，如有偏移，应通过调节天平前边左、右两个水平支脚螺丝，使水泡位于水平仪中心。

③ 天平自测　接通电源，按"ON/OFF"键，天平进入自检，显示"0.0000g"，表明自检通过。如果显示不是"0.0000g"，则要按一下"TARE"键调零。

④ 预热　天平在正式称量之前，还需预热 30min 以上。短时间内需多次使用的天平，不要频繁开关机，以节省预热时间。

⑤ 校准　如果天平长时间没有使用，在称量样品之前还需要预热后进行校正。步骤如下（以内校式为例来说明）：按一下校准键（CAL），屏幕显示出"CAL"字样，表明天平

正在校准。10s后，"CAL"消失，表示校准完毕，屏幕此时应显示"0.0000g"。如果不显示为"0.0000g"，可按一下"TARE"键调零。

⑥ 称量　一般用直接称量法和固定质量称量法称量时，先在天平托盘上放称量纸或称量容器，然后按一下"TARE"，屏幕显示"0.0000g"，即去皮重。再用镊子或药匙等器具轻轻将样品放到称量纸上或称量容器中，待屏幕上的数字稳定后，即为所称样品的质量。

⑦ 称量结束　称量结束后，取下托盘上的样品。如当天还要继续使用天平，可暂不按"ON/OFF"键。如不再使用，需长按"ON/OFF"键，待"OFF"字样出现后，松开按键，天平进入关闭状态，最后拔下天平电源，盖上防尘罩，并在电子天平使用登记本上登记。

（3）电子天平使用注意事项

① 精度高的电子天平需安装在专门的天平室内使用。天平室应远离热源、震源和腐蚀性气体，远离通风、有磁场或产生磁场的设备。天平室内应清洁无尘，室温相对稳定，保持干燥。

② 天平必须安放在牢固的水泥台上，避免阳光直射，并应悬挂防光窗帘。

③ 天平箱内应放变色硅胶作为干燥剂，如变色硅胶失效后，需及时更换。

④ 需配备使用登记本，使用者需如实登记相关使用信息。

⑤ 开关天平侧门以及放取称量物时，动作宜轻、慢、稳，不可用力过猛，以免导致天平位置移动而造成天平水平位置的偏离，甚至因此损坏天平。天平前门、顶门一般仅供安装、检修和清洁时使用。

⑥ 称量样品的量要小于天平的最大称样量。

⑦ 称过热或过冷的样品时，须先将样品放于干燥器内，待温度同天平室温度一致后方可进行称量。

⑧ 如发现天平不正常时，应及时向指导教师或实验室管理人员汇报，不得自行处理。

⑨ 称量读数时，需关闭天平门，待读数稳定后，及时用黑色钢笔或中性笔记录在实验报告的指定位置。

⑩ 较长时间不使用的电子天平应隔段时间通电一次，以保持电子元件干燥。

2.5.3　称量方法

（1）直接称量法

用于称量物体的质量，将样品用镊子或钳子等工具放在天平托盘上，所得读数即为样品的质量。

07　直接称量法

这种方法适用于称量洁净、干燥的器皿、棒状或块状的稳定金属。也可预先在托盘上放称量纸或小质量容器后，先去皮，再称量待称物。

（2）固定质量称量法

用于称量在空气中不吸潮的某一固定质量的样品（见图2-7）。操作时，先将称量纸折成簸箕状并轻放于天平托盘上，或将其他称量器皿轻放于天平托盘上，然后用药匙舀取待称物，将药匙的尾端顶在手心，用拇指和中指夹住药匙，并用食指轻弹药匙柄，样品将缓缓落入称量器皿中，待天平读数达到所需称样量时即停止。此步操作需特别小心，避免超出称样量，而导致多余试剂不能再放回试剂瓶，从而造成试剂浪费。

图 2-7　固定质量称量法　　　　　08　固定质量称量法

（3）差减称量法

用于称量易吸潮、易氧化或易与二氧化碳反应的非固定质量的样品，一般只需确定称量范围即可。

称取样品时，用清洁的小纸条套在称量瓶上（见图 2-8），左手捏住纸带尾部将称量瓶轻放于天平托盘上，称量记数；左手用原纸条套住称量瓶，将其从天平托盘上拿出，右手用另一小纸条夹住称量瓶瓶盖，在接收容器上方，揭开瓶盖，用瓶盖轻轻敲击称量瓶口上部，边敲边慢慢倾斜称量瓶瓶身，使样品慢慢落到称量容器内（见图 2-9）；当倒出的样品量接近所需量时，边敲边慢慢扶正称量瓶身，使沾在瓶口的样品落到称量瓶或接收容器内，盖好瓶盖后方可将称量瓶移开接收容器上方；随后将称量瓶放回天平托盘上，再次称量称量瓶，两次质量之差即为接收容器内的样品质量。若一次不能得到符合质量范围要求的样品，可再次敲出样品，但一般要求不超过 3 次。

图 2-8　称量瓶拿法　　图 2-9　从称量瓶中敲出试样的操作　09　差减称量法

差减法还可在初次称量时，使用去皮功能，这样在两次称量时，天平所显示的负读数即为接收容器内样品的质量。

差减法操作时的注意事项如下：

① 在敲出样品的过程中，要保证样品没有损失，切不可在还没有盖上瓶盖时就将瓶身和瓶盖离开接收容器上方，因为瓶口边沿处可能沾有样品，容易造成损失。

② 在瓶身经慢慢敲击扶正后，还需多敲几下，保证瓶口内侧的样品落回称量瓶内，因为再次开盖时瓶口内侧的样品容易被盖子带出。

③ 差减法称量时如不小心使样品量超出所需量时，需重称，不能将容器内的样品经任何途径返回称量瓶中。

10　称量方法自测题

2.6 滴定分析的量器与基本操作

滴定分析又称容量分析,它和重量分析构成定量分析化学的两大主体内容。本节介绍定量分析化学实验滴定分析中常用的仪器(滴定管、容量瓶、移液管等)及其基本操作。

2.6.1 移液管和吸量管

移液管是中间有膨大部分的玻璃管,上端的细管部分刻有一条环形刻度线,下端呈尖嘴状,球部标有温度和容积,用来在所标温度下准确移取一定体积的液体 [见图 2-10(a)]。常用的移液管有 5mL、10mL、25mL 和 50mL 等规格。

吸量管为直型细管,下端呈尖嘴状,直管部分具有多条分刻度,用来移取不同体积的液体 [见图 2-10(b)]。常用的吸量管有 1mL、2mL、5mL 和 10mL 等规格。应该注意,有些吸量管其分刻度不是刻到管尖,而是离管尖 1~2cm 处。

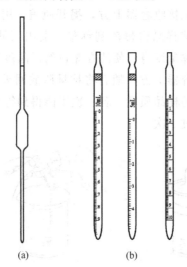

图 2-10 移液管(a)和吸量管(b)

移液管和吸量管都属于量出式量具,区别主要在于:吸量管可用于移取标示范围内任意体积的液体,而移液管只能移取固定体积的液体。

(1) 移液管和吸量管的洗涤

右手拇指和中指持移液管或吸量管,其余手指辅助将其插入洗液中。左手握住捏扁的洗耳球,用其尖嘴对准移液管或吸量管的上端口,慢慢放松洗耳球使其复原,将洗液吸至管体积约 1/4 处,随即立即用右手食指按住管口,并从洗液瓶中取出。两手平端移液管或吸量管并缓缓转动,让洗液铺满移液管和吸量管的内壁,然后将洗液从下端管口流回洗液瓶。如果管内壁污染严重,应将移液管或吸量管放入盛有洗液的玻璃器皿中,浸泡 15min 以上。将洗过的管子,先用自来水冲洗净洗液,再用纯水洗涤 2~3 次,最后用吸水纸将管尖端内外的水吸去。

(2) 移液管和吸量管的润洗

将待移取溶液吸至移液管或吸量管容积约 1/4 处（注意，勿使溶液流回，以免稀释溶液），然后从试剂瓶移出移液管或吸量管，荡洗。最后将润洗过移液管或吸量管的溶液从下端尖口放出、弃去，反复润洗 3 次。

(3) 移取溶液

用移液管移取溶液时，管尖插入试剂瓶液面以下 1～2cm（管尖不应插入太浅，以免在吸取过程中液面下降后造成吸空；也不应插入太深，以免移液管外壁沾有太多液体。吸液时管尖应随液面下降而下降）。当液面上升至刻度线之上 1～2cm 时，迅速移开洗耳球，用右手食指按住移液管管口。取出移液管，用吸水纸擦掉管外侧的溶液，使管尖靠着试剂瓶口（试剂瓶倾斜约 45°），慢慢用右手拇指和中指捻动移液管，同时微微松动食指，使移液管内液面慢慢下降直到眼睛平视时溶液弯月面与移液管标线相切，立即按紧食指。然后左手拿起接收容器，使其倾斜约 45°，保持移液管竖直，将其伸入接收容器并使移液管尖紧贴在容器内壁。松开食指，待溶液全部流完后，再等 15s，取出移液管（见图 2-11）。

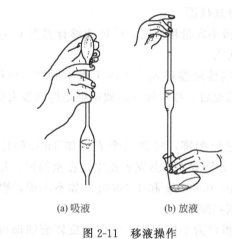

(a) 吸液   (b) 放液

图 2-11 移液操作

用吸量管吸取溶液，吸取溶液、调节液面与移液管的方法相同，但向接收容器放出溶液时，通常是从最高刻度降到某一刻度，两刻度数值之差即为所放出溶液的体积。

移液管和吸量管使用完毕，短时间内还要再用可不进行洗涤，否则还需要再次进行润洗。如长时间不用或需移取其他溶液，应立即用自来水和纯水洗涤，然后放在移液管架上或储存到专用抽屉中。移液管和吸量管要专管专用。

注意：除在移液管和吸量管管身上特别注明"吹"字样以外，管尖最后留有的溶液不能吹入接收容器内，因为在检定移液管和吸量管容积时未将管尖残留液计量在内。

11 移液管及吸量管的洗涤   12 移液管的使用   13 分度吸量管的使用

2.6.2 移液器

(1) 工作原理

移液器主要用于仪器分析、化学分析及生化分析中少量或微量液体的移取。它利用弹簧的伸缩力量使活塞上下活动，排出或吸取液体。从构造原理来说，移液器分为两种，空气置换式和外置活塞式。空气置换式的活塞设计在移液器内部，下压活塞，把移液器下端内部的空气压出，之后在活塞上移的时候，移液器下端内部的气压就小于外部气压，这样在外部气压的作用下就可以把液体吸上来了。简而言之，就是排出空气，吸进液体。而外置活塞式移液器，和针筒的工作原理相同，活塞设计在吸头内部，直接与液体接触，常被作为特殊移液器用于移取黏稠度高或容易产生气泡的液体，应用范围较窄。

移液器目前主要分为手动移液器和电动移液器，按通道又可分为单道移液器和多道移液器。

(2) 移液器和移液管的区别

虽然移液器相对于移液管来说价格更高，但移液器具有以下两个优势，使得移液器在化学实验室已成为移取液体的常规仪器。

① 准确性更高　现在的微小容量移液器，已经能够计量到 $0.1\mu L$ 级，而移液管的准确度无法满足要求严格的实验所需。

② 效率更高　越来越多的移液器融入了人体工程学原理，使得其使用起来更为方便，尤其在多通道和电子移液器出现后，移取液体的效率更是得到很大提高。

(3) 移液器的使用方法

① 校准　新移液器要进行调零，可选三个点（如 1mL 的枪可选 $100\mu L$、$500\mu L$ 和 $1000\mu L$）。吸取蒸馏水并将其分别置入防蒸发容器中，在室温时，用万分之一分析天平称量其质量，确定是否为 0.1000g、0.5000g 和 1.0000g。如不准确，要反复多次进行调零。调好后，在日常使用中不要动调零旋钮。

② 量程的调节　从大体积调为小体积时，顺时针旋转旋钮即可；但如果要从小体积调为大体积时，则可先逆时针旋转刻度旋钮至超过设定体积的刻度，再顺时针回调至设定体积，这样可以保证量取的准确度。在该过程中，不要将旋钮旋出最大量程，否则会卡住内部机械装置而损坏移液器。

③ 枪头的装配　将移液器垂直插入枪头中，稍微用力左右微微转动即可使其紧密结合。枪头卡紧的标志是枪头略为超过 O 形环，其与移液器连接部分形成清晰的密封圈。

④ 移液　吸取液体时，移液器保持竖直状态，将枪头贴着试剂瓶壁伸入待吸取的液面下 2~3mm 处（防止气泡产生）。在吸液之前，可以先慢慢吸放几次液体，以润湿吸液嘴和活动移液器的气塞，使其吸取更加准确（尤其是要吸取黏稠或密度与水不同的液体时）。这时可以采取两种移液方法。

前进移液法：用大拇指将旋钮按下至第一停点，然后慢慢松开上面的旋钮回原点（吸取固定体积的液体，防止气泡的产生）。接着，保持移液枪的竖直状态，把枪头移到接收容器中，将旋钮按至第一停点排出液体到接收容器的正中央（加样缓慢时可将液体沿着器壁加入），稍停片刻继续按旋钮至第二停点吹出残余的液体。最后松开旋钮。

反向移液法：一般用于转移高黏液体、生物活性液体、易起泡液体或极微量的液体，其原理就是先吸入多于设置体积的液体，转移液体的时候不用吹出残余的液体。具体如下：先按下旋钮至第二停点，慢慢松开旋钮至原点，吸上液体。接着将旋钮按至第一停点排出设置好体积的液体。

（4）移液器使用注意事项

① 移液之前，要保证移液器、枪头和液体处于相同温度。

② 在移液器的使用过程中，切勿将移液器水平放置或倒置，以免液体倒流腐蚀活塞弹簧。

③ 移液器使用完毕，把移液器量程调至最大值，且将移液器垂直放置在移液器架上。

14 移液管及吸量管使用方法自测题

④ 如液体不小心进入活塞室应及时清除污染物。

移液器检漏的方法：吸液后在液体中停几秒观察吸头内液面是否下降；如果排除吸头问题后液面下降，说明活塞组件有问题，应找专业维修人员修理。

2.6.3 容量瓶

容量瓶是一种细颈梨形的平底玻璃瓶，带有磨口玻璃塞或塑料塞。瓶颈上刻有环形标线，梨形中间部分标有温度和容积。容量瓶为量入式量器，用于配制一定浓度的溶液。常用的容量瓶有 25mL、50mL、100mL、250mL、500mL 和 1000mL 等规格。

（1）容量瓶的检查

使用前应检查瓶塞是否漏水，检查方法为：注入自来水至标线附近，用手指压紧瓶塞，将容量瓶倒立 2min，用吸水纸检查瓶塞周围是否有水渗出。如果不漏，将容量瓶直立，将瓶塞旋转 180°，再倒立 2min 观察瓶塞周围有无渗水（见图 2-12）。

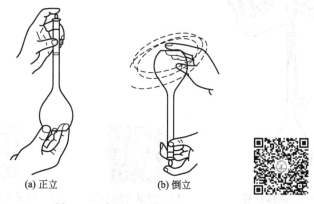

(a) 正立　　　　　　(b) 倒立

图 2-12　容量瓶的检查　　　15　容量瓶的检漏与洗涤

（2）容量瓶的洗涤

将密封性好的容量瓶用自来水洗涤几次，倒出水后，如内壁呈均匀的水膜，则可用纯水洗涤，否则就要用洗液洗涤。将少量洗液（容量瓶标注体积的十分之一到五分之一）倒入沥净水的容量瓶中，转动容量瓶，使洗液铺满容量瓶内壁。污染程度严重时可将洗液装至容量瓶标线附近，浸泡时间为几小时或几天。用洗液洗涤后，将洗液倒回洗液瓶，用自来水冲洗干净（回收到专用废液瓶内），然后用纯水洗涤 2～3 次。

（3）配制溶液

为确保用容量瓶配制溶液浓度的准确性，需注意以下操作细节。

配制固体物质的溶液时，用电子天平称量待溶解的固体物质，将其置于小烧杯中，加水或其他溶剂溶解，然后将溶解液全部转移到容量瓶，最后定容，摇匀。具体操作步骤如下：将准确称量的样品置于小烧杯中，加入适量水或其他溶剂，用玻璃棒搅拌溶解（如需加热溶解，需冷却到室温再开始后续操作步骤）。定量转移溶液时，右手持玻璃棒伸入容量瓶口下方（玻璃棒上部不要碰瓶口，其前端抵住容量瓶颈内壁，稍微呈倾斜状），左手拿烧杯，慢慢倾斜，使杯嘴贴住玻璃棒（烧杯和玻璃棒倾斜的方向相同）。继续慢慢倾斜烧杯，直至溶液沿着玻璃棒慢慢流入容量瓶（见图 2-13）。溶液全部转移后，将烧杯沿着玻璃棒向上滑动 1～2cm，同时直立小烧杯，杯嘴随即离开玻璃棒，将玻璃棒放入小烧杯（玻璃棒不要放在杯嘴一侧）。用洗瓶（装水或相应溶剂）冲洗小烧杯和玻璃棒，继续用上述方法将溶液转移入容量瓶中，一般应重复 3 次以上，以保证定量转移。注意冲洗小烧杯和玻璃棒的液体量需控制，不可过多。往容量瓶加水或相应溶剂至容量瓶容积的 3/4 左右时，用右手食指和中指夹住瓶塞的扁头，将容量瓶拿起，按水平方向旋转几周使溶液初步混合。继续加入水或相应溶剂至标线以下约 1cm 处，静置等待 1～2min，使附着在瓶颈内壁的液体流下后，再缓慢滴加到液体弯月面与标线相切（需平视液体弯月面与标线相切情况；所配制的溶液不论有无颜色，都以此定容规则定容）。盖上瓶塞，左手按住瓶塞，右手手指呈托举状持住容量瓶下端边缘（勿使手心贴住容量瓶，避免因人体体温引起的溶液体积变化），将容量瓶反复直立、倒置、振荡，让气泡上升到顶，即同时使液体充分地混合均匀。放正容量瓶，打开瓶塞，放出气体，使瓶口的液体流回容量瓶，盖塞，备用。

图 2-13 溶液转移

16 容量瓶的使用

17 容量瓶使用方法自测题

稀释溶液，则用移液管或吸量管移取待稀释液体，转移入容量瓶，加水或其他试剂到标线。初混、定容以及混合均匀方法与上述配固体物质溶液相同。

注意：

① 如有需要，可将容量瓶塞子用橡皮筋挂在容量瓶瓶颈处，需注意容量瓶和瓶塞一一

对应，其次在配制溶液过程中，瓶塞不能随便放置于其他物品之上，以免沾有污染物。

② 容量瓶不能长期储存试剂，如储存时间过长，则应转移入相应的试剂瓶中。

③ 移取配好的溶液前，需充分摇匀，避免因静置产生的溶液浓度差。

2.6.4　滴定管

滴定管是滴定分析中用来准确测量流出液体的一种重要量出式量具，其外形呈细管状，在管身标有均匀的刻度线，最小刻度为 0.1mL，在定量分析化学实验中常用的有 25mL 和 50mL 两种规格。按所装液体的性质可分为酸式滴定管和碱式滴定管（见图 2-14）。熟练掌握滴定管的操作，是准确进行滴定分析的重要基础。

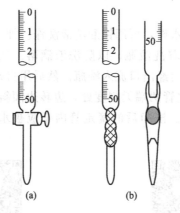

图 2-14　酸式滴定管 (a) 和碱式滴定管 (b)

(1) 酸式滴定管的准备

酸式滴定管用来装酸性、中性及氧化性液体，不适宜装碱性液体，因为碱性液体会腐蚀玻璃磨口和旋塞。现在新型的通用型滴定管，其外形与传统酸式滴定管一样，只是旋塞由聚四氟乙烯制成，可用于酸、碱、氧化性等溶液的滴定。由于聚四氟乙烯具有弹性，可在旋塞尾部辅以密封圈、螺帽和垫片调节，达到密封以及固定旋塞的目的。此类滴定管的优点是不需要涂凡士林来密封。鉴于传统酸式滴定管仍然有很大范围的使用，所以本书仍然对传统酸式滴定管给予介绍。

① 检漏

使用前，先检查酸式滴定管旋塞是否能灵活转动、是否漏液，具体如下：加自来水到滴定管零刻度线附近，擦干外壁，挂于滴定架上静置约 2min，观察是否有水滴漏下。再转动旋塞 180°，同样检测有无漏液。对于传统酸式滴定管如有漏液情况，需要重涂凡士林，而对于新式通用型滴定管，需在保证旋塞轻松转动的情况下，将旋塞拧紧。

涂凡士林具体操作如下：放掉酸式滴定管中的水，取下旋塞小头处的小橡胶圈和卡住旋塞的橡皮筋，抽出旋塞。用小片滤纸卷住旋塞再插入旋塞套内，轻轻转动几次，以擦去旋塞和旋塞套内的水和凡士林。用手指将凡士林涂在旋塞的大头处，另用玻璃棒将凡士林涂于旋塞套小口内壁。将旋塞直插入旋塞套（旋塞孔与滴定管平行），沿同一方向转动几次，直到旋塞和旋塞套上的凡士林全部透明为止（见图 2-15）。

需注意：凡士林不能涂得太多，避免其进入旋塞孔引起堵塞；也不能涂得太少，否则旋

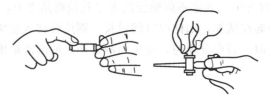

图 2-15　旋塞涂凡士林

转不灵活，且容易引起漏水。涂抹太多或涂抹太少，都要重新涂抹。涂好后，在旋塞小头套上橡皮筋，并用橡皮筋从小头绑到旋塞手柄上，以防旋塞脱落。

如要清除旋塞或旋塞套内的凡士林，需要将其泡在热水内，待凡士林软化后自行流出，再用水冲洗。

② 洗涤

用自来水冲洗，如内壁挂水珠，可用铬酸洗液洗涤。加入约 10mL 洗液，边转动滴定管边将其放平，并将滴定管口对着洗液瓶，以防洗液滴落。洗完后，将洗液从上管口倒回洗瓶，出口处的洗液在打开旋塞后经出口流入洗瓶。然后用自来水冲洗至无色，最后用纯水洗涤 2~3 次。洗涤时两手持滴定管两端无刻度处，边转边倾斜滴定管，使水铺满滴定管内壁，然后直立，打开旋塞将水放掉。洗净后的滴定管内壁应被水均匀润湿而不挂水珠，如挂水珠，应重新洗涤。

18　酸式滴定管的检漏与洗涤　　　19　碱式滴定管的检漏与洗涤

(2) 碱式滴定管的准备

用前先检查碱式滴定管下端乳胶管是否老化、玻璃珠大小是否合适，是否漏液。检漏和洗涤的方法和酸式滴定管基本相同。如用洗液洗涤时，应将玻璃珠向上推，堵住玻璃管管口，避免洗液腐蚀乳胶管，若玻璃管尖嘴需要用洗液洗涤，将其取下放入装有洗液的小烧杯中浸泡即可。

(3) 操作溶液的装入

① 润洗

在正式灌装溶液之前，要先对滴定管进行润洗。摇匀试剂瓶中的待装溶液，将 10~15mL 溶液直接装入滴定管（不能通过小烧杯、漏斗等转移）。两手持滴定管两端无刻度处，边转边倾斜滴定管，使溶液铺满管内壁，转动数圈后，将溶液从尖嘴处放出至水槽、废液瓶或指定容器内，润洗 3 次。最后，将待装溶液倒入，直到充满至零刻度线以上为止。

② 排气泡

酸式滴定管的气泡排除：装满溶液，倾斜滴定管 45° 左右，打开旋塞，让溶液在快速流动下带走气泡，待气泡流出后，关闭旋塞（如旋塞下部至管尖有大气泡，需倾斜滴定管到接近平放）。

碱式滴定管的气泡排除：装满溶液，右手持碱式滴定管上端，碱式滴定管倾斜 45° 左右，左手虎口向上托着乳胶管前端与玻璃小尖嘴连接处，小尖嘴上扬 45° 左右，保持乳胶管不打折。然后左手拇指和食指由下往上捏住玻璃珠所在乳胶管处，使玻璃珠上方和乳胶管之间瞬间形成空隙，气泡即可被急速喷出的溶液所带出（见图 2-16）。

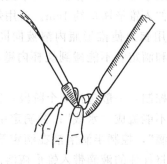

图 2-16　碱式滴定管排气泡法

③ 装液　左手前三指持滴定管上部无刻度处，使刻度面向操作者，将滴定管稍稍倾斜，右手拿起试剂瓶，慢慢倒入溶液至零刻度线以上。

（4）滴定管的操作方法

① 酸式滴定管　酸式滴定管以旋塞尾部向左架在滴定架上，操作者左手从酸式滴定管由左向右伸出，拇指在滴定管前，食指和中指在滴定管后，捏住旋塞，无名指和小指呈微曲状向手心弯曲，手心向着旋塞尾部。通过旋塞拧动角度的大小，控制溶液的流出速度（见图 2-17）。

图 2-17　酸式滴定管的操作　　20　酸式滴定管的使用

② 碱式滴定管　左手无名指和小指夹住碱式滴定管出口，左手拇指和食指在玻璃珠所在的乳胶管部位向外侧推乳胶管，使玻璃珠往手心方向移动，溶液从玻璃珠和乳胶管间的空隙处流出。通过调节空隙大小，控制溶液的流出速度（见图 2-18）。需注意：不要用力捏玻璃珠，不要捏玻璃珠下部，前者常会捏得手疼且控制不了溶液流速，后者容易在松开玻璃珠后倒吸入空气，从而在乳胶管下方的细玻璃管中产生气泡。停止滴定时，应先松开拇指和食指，再松开无名指和小指。

图 2-18　碱式滴定管的操作　　21　碱式滴定管的使用

(5) 滴定操作

被滴定溶液可盛放于锥形瓶或小烧杯中。在锥形瓶中滴定时，用右手拇指、食指和中指拿住锥形瓶瓶颈，滴定管的尖端伸入锥形瓶口约 1cm。若用烧杯，滴管的出口深入小烧杯内 1cm 左右。滴定开始后，右手运用腕力使锥形瓶内溶液向同一方向做圆周旋转。如在烧杯中滴定需用玻璃棒搅拌（玻璃棒和滴定管不能碰到烧杯内壁和底部），左手如前所述控制滴定液的滴定速度（见图 2-19）。

滴定速度根据反应的情况来控制，一般包括 3 个阶段：①滴定初始速度可稍快，呈"见滴成线"，即每秒 3~4 滴，切记不能流成"水线"；②滴定中段时，可控制溶液一滴一滴地加入；③近滴定终点时，滴"半滴"，控制半滴溶液在滴定管口悬而未滴，用锥形瓶或烧杯内壁挂住液滴，通过倾斜锥形瓶将挂住的液滴带入锥形瓶溶液中，可用洗瓶以少量水冲洗瓶壁。如在烧杯中滴定，用玻璃棒碰接悬挂的半滴溶液，然后将玻璃棒伸入烧杯中搅拌。

滴定完成后，滴定管内剩余溶液应弃去，回收到专用废液瓶中，不能再倒回原试剂瓶。随后，洗净滴定管，用纯水充满全管后，架到滴定架上，盖上管帽，以备短期内的再次使用。

 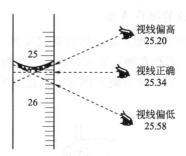

图 2-19 在烧杯中的滴定操作   图 2-20 滴定管读数

(6) 滴定管读数

读数时滴定管需要保持自然竖直。装满或放出溶液后，滴定管在滴定架上静置 1~2min，待附着在内壁上的溶液流下来，将滴定管从滴定架上取下来，用左手拇指和食指捏住滴定管上部无刻度线处，进行读数（见图 2-20）。

① 滴定管上的最小刻度为 0.1mL，但要有估读数字，即初读数和终读数要读准至"0.01"mL，小数点后第二位数字为估计数字。

② 对无色或浅色溶液，读数时，视线与滴定管内液面弯月面相切；对于深色溶液，可读液面两侧的最高点（见图 2-21）。

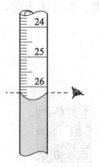 

图 2-21 深色溶液的读数   图 2-22 用读数卡读数

③ 初读数和终读数的读数应用同一标准读数。

④ "蓝带"滴定管读数 "蓝带"滴定管是乳白色衬背上标有蓝线的滴定管，对无色溶液读数，应以蓝线上下两尖端相交的最尖部分为准；若对深色溶液，应读取液面最高点。

⑤ 读数卡的用法 为了便于读数，将一黑白两色的读数卡衬在滴定管刻度线的背面，使黑色部分在弯月面下约 1mm 处，此时弯月面的反射层全部成为黑色，易于观察弧形液面界线，读此黑色弯月下缘的最低点（见图 2-22）。若对深色溶液读取，可用白色卡读两侧最高点。

22 滴定管使用方法自测题

注意：一般而言，每次滴定，初读数都从 0.00～5.00mL 开始。

滴定过程中，左手不能离开滴定管处任溶液自流，右手应连续摇动锥形瓶。

注意观察滴定溶液落点周围溶液颜色的变化，用于选择滴定速度以及判断滴定终点。

2.7 重量分析基本操作技术

重量分析法是化学分析中重要的经典方法，采用适当方法将被测组分从试样中离析出来，通过称量其质量，计算出被测组分的含量。重量法分为沉淀重量法、气体重量法（挥发法）和电解重量法。最常用的重量法是沉淀重量法，待测组分以难溶化合物的形式从溶液中沉淀出来，沉淀形式通过一定处理后转化为称量形式称重，通过化学计量关系可以计算得出分析结果。

在沉淀法重量分析中，基本操作包括：样品溶解、沉淀、过滤、洗涤、烘干和灼烧等。涉及的操作每一步都需认真操作，否则会影响最终的分析结果。

2.7.1 样品的溶解

样品分为液体样品和固体样品。液体样品可以直接量取至烧杯中进行分析。固体样品需要根据被测试样的性质，选用不同的溶（熔）解试剂。可以采用的试剂有水、酸、碱和熔融盐等。分析所用的玻璃仪器应经过严格选择，如玻璃容器内壁不能有划痕，烧杯、玻璃棒、表面皿的大小要适宜（玻璃棒两头应稍圆，长度应高出烧杯 5～7cm，表面皿的大小应大于烧杯口）。

溶解水溶性试样操作：将样品称于烧杯中，用表面皿盖好。如果试样溶解时不产生气体则在溶解时取下表面皿，凸面向上放置。慢慢沿杯壁或沿下端紧靠杯内壁的玻璃棒加入试剂，之后用玻璃棒搅拌试样使其溶解。将玻璃棒放在烧杯嘴处（此玻璃棒不能作他用），将表面皿盖在烧杯上。试样溶解需加热或蒸发时，应在水浴锅内进行，但温度不可太高。烧杯上必须盖上表面皿，以防溶液暴沸或迸溅。加热、蒸发停止时，用洗瓶洗表面皿或烧杯内壁。

如果试样溶解时产生气体，则需要先用少量蒸馏水润湿样品，表面皿凹面向上盖在烧杯上，沿玻璃棒将试剂从烧杯嘴与表面皿之间的孔隙缓慢加入，加完试剂后，用蒸馏水吹洗表面皿的凸面，使其沿烧杯内壁流入烧杯中，并用洗瓶吹洗烧杯内壁。

2.7.2　试样的沉淀

重量分析要求沉淀尽可能完全，所得沉淀尽可能纯净，因此，实验操作必须非常严格按操作规程进行。应按照沉淀的类型选择合适的沉淀条件。如溶液的体积、酸度、温度，加入沉淀剂的数量、浓度，加入顺序、速度，搅拌速度，是否需要陈化以及陈化时间等。用量筒量取液体试剂；用1/1000电子天平称取固体试剂。沉淀所需试剂溶液浓度准确到1％即可。

根据沉淀的类型不同，选用不同的操作方法。

"稀、热、慢、搅、陈"五字原则适用于晶形沉淀的形成。稀：试样及沉淀剂溶液配制要适当稀释；热：在热溶液中进行；慢：沉淀剂要缓慢加入；搅：要用玻璃棒不断搅拌；陈：沉淀完全后需要陈化。

生成沉淀时，一般用左手拿滴管，滴管口接近液面缓慢滴加沉淀剂。右手持玻璃棒不断搅动溶液。玻璃棒不能碰烧杯内壁和烧杯底，搅拌速度要适宜。加热时一般在水浴或电热板上进行，不能使溶液沸腾。

沉淀是否完全的检查：将带沉淀的溶液静置，待上层溶液澄清后，在上清液中滴加一滴沉淀剂，观察滴落处是否浑浊。如有浑浊则表明沉淀不完全，还需补加沉淀剂，直至再次检查时上层清液保持清亮。

经检查沉淀完全后，盖好表面皿，根据需要采用常温放置一段时间或在水浴上保温静置一段时间的方法进行陈化。

形成非晶型沉淀时条件和操作与晶形沉淀不同，此处不再详细介绍。

23　固体样品的溶解　　24　试样的沉淀　　25　沉淀的过滤与初步洗涤

2.7.3　沉淀的过滤和洗涤

通过过滤使沉淀与过量的沉淀剂及其他杂质组分分开，通过洗涤将沉淀转化为纯净的单组分。实验中应根据沉淀的性质选择适当的过滤仪器。一般需要灼烧的沉淀物，常在玻璃漏斗中用滤纸进行过滤和洗涤；不需称量的沉淀或烘干后即可称量或热稳定性差的沉淀，在微孔玻璃漏斗内进行过滤。过滤和洗涤必须不间断地一次性完成，不得造成沉淀的损失。

（1）过滤前的准备

① 滤纸

滤纸分定性滤纸和定量滤纸两种，重量分析中常用定量滤纸进行过滤。定量滤纸灼烧后灰分极少，一般小于0.0001g，产生的灰分质量可以忽略不计，若灰分质量大于0.0002g，则需扣除其质量。一般市售定量滤纸都注明了每张滤纸的灰分质量供参考。

定量滤纸一般为圆形，按滤速可分为快、中、慢速三种，按直径有11cm、9cm、7cm等几种规格。选择滤纸的大小根据是：沉淀物完全转入滤纸中后，高度不超过滤纸圆锥高度的 1/3 处。表 2-4 是国产定量滤纸的灰分质量，表 2-5 是国产定量滤纸的类型。

表 2-4 国产定量滤纸的灰分质量

直径/cm	7	9	11	12.5
灰分/g·张$^{-1}$	3.5×10^{-5}	5.5×10^{-5}	8.5×10^{-5}	1.0×10^{-4}

表 2-5 国产定量滤纸的类型

类型	滤纸盒上色带标志	滤速/s·(100mL)$^{-1}$	适用范围
快速	白色	60～100	无定形沉淀，如 $Fe(OH)_3$，$Al(OH)_3$，H_2SiO_3
中速	蓝色	100～160	中等粒度沉淀，如 $MgNH_4PO_4$，SiO_2
慢速	红色	160～200	细粒状沉淀，如 $BaSO_4$，$CaC_2O_4 \cdot 2H_2O$

四折法折叠滤纸：将手洗干净后揩干，将滤纸对折后再对折（图 2-23），此时先不压紧，把滤纸放入漏斗中观察滤纸是否与漏斗内壁紧密贴合，若未紧密贴合可以适当改变滤纸折叠角度，与漏斗贴紧后把第二次的折边压紧。取出滤纸，将半边为三层滤纸的外层折角撕下一块，撕下来的那一小块滤纸保存备用。

② 长颈漏斗

使用的长颈漏斗各部分参数如图 2-24 所示。滤纸和漏斗的相对大小应为：折叠后滤纸的上缘低于漏斗上沿约 0.5～1cm。

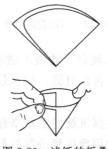

图 2-23 滤纸的折叠

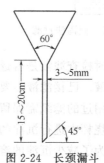

图 2-24 长颈漏斗

在过滤过程中若漏斗中水全部流尽后，颈内水柱仍能保留且无气泡，则可以加快过滤速度。将叠好的滤纸三层的一边放在漏斗出口短的一边，用食指按紧，用洗瓶吹入少量水润洗后，轻轻按压滤纸边缘，使滤纸与漏斗之间没有气泡，加水至滤纸边缘，漏斗颈内全部被水充满，当漏斗中水全部流尽后，颈内水柱仍能保留且无气泡，就形成了水柱。如果不能形成完整的水柱，可用手指堵住漏斗下口，掀起滤纸三层的一边，向滤纸与漏斗间的空隙加入少量水，用水将漏斗颈和锥体的大部分充满后，按紧滤纸边，放开漏斗下口，则可形成水柱。

冲洗滤纸时，将漏斗放置在漏斗架上，漏斗出口长的一边靠近盛接滤液的洁净烧杯内壁。过滤过程中漏斗颈的出口不能接触滤液。漏斗和烧杯上均盖好表面皿。

(2) 倾泻法过滤和初步洗涤

沉淀的过滤、转移、洗涤应连续完成，中间不能有间断。

过滤时为避免沉淀堵塞滤纸的空隙，影响过滤速度，采用倾泻法，把清液尽可能滤去并初步洗涤烧杯中的沉淀。

倾斜静置烧杯至沉淀下降，将上层清液倾入漏斗中。将烧杯移到漏斗上方，提起玻璃棒，将玻璃棒下端轻碰一下烧杯壁，使悬挂的液滴流回烧杯中。将玻璃棒直立，贴紧烧杯嘴，下端对着滤纸的三层边，尽可能靠近但不接触滤纸。漏斗中倾入的溶液量不能超过满滤纸的2/3，离滤纸上边缘至少5mm，否则因毛细管作用少量沉淀会越过滤纸上缘，造成损失。如图2-25所示。倾泻溶液过程中如需暂停，为避免烧杯嘴上的液滴流失，应将烧杯沿玻璃棒向上提起，烧杯逐渐直立，烧杯和玻璃棒变为接近平行时，将玻璃棒移入烧杯中。玻璃棒放回时，勿搅混清液，也不能靠在烧杯嘴处。如果烧杯嘴处沾有少量沉淀将会导致烧杯内的液体不便倾出，可将玻璃棒稍向左倾斜，这样烧杯倾斜角度能更大。若在倾斜过程中发现有沉淀浑浊，则应静置烧杯，待烧杯中沉淀下沉后再次倾注。重复操作几次直至上清液倾完。过滤时，带沉淀和溶液的烧杯放置方法如图2-26所示。

图 2-25 倾泻法过滤

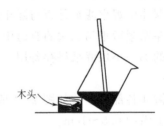

木头

图 2-26 带沉淀的烧杯放置

过滤过程中应随时检查滤液是否透明，如有穿滤现象（滤液不透明），必须及时更换另一个洁净烧杯盛接滤液。已接滤液需要在原来漏斗上再次过滤；如果是滤纸穿孔，则必须更换滤纸，重新过滤（用过的滤纸需保留，最后合并）。

倾注完成后，在烧杯中进行沉淀的初步洗涤。根据沉淀的类型来选择洗涤液。

对于晶形沉淀，为了减少沉淀的溶解损失通常选用冷的稀的沉淀剂洗涤。但沉淀剂为不挥发物质时，则必须用蒸馏水或其他合适的溶液。无定形沉淀选用热的电解质溶液作洗涤剂，一般采用易挥发的铵盐。溶解度较大的沉淀，选用沉淀剂加有机溶剂作为洗涤剂。

沿烧杯壁旋转加入约15mL洗涤液吹洗烧杯内壁，使沉淀集中在底部，用倾泻法倾出清液，重复3～4次。每一次都应该尽量把洗涤液倾倒尽。之后，加入少量洗涤液于烧杯中，将沉淀搅匀形成悬浊液，立即将沉淀和洗涤液通过玻璃棒转移至漏斗上。

（3）沉淀的转移

沉淀洗涤后应全部倾入漏斗中。上步操作重复2～3次，将大部分沉淀都转移后，将玻璃棒横架在烧杯口上，下端放在烧杯嘴上超出杯嘴2～3cm，左手食指压住玻璃棒上端，大拇指在前，其余手指在后，杯嘴向着漏斗，烧杯倾斜放在漏斗上方，玻璃棒下端指向滤纸三层的一边，吹洗烧杯内壁，使沉淀和溶液一起流入漏斗中（图2-27）。如果有少许沉淀吹洗不下来，可用保留的滤纸角擦"活"。擦活：用水湿润滤纸角后，先擦玻璃棒，再用玻璃棒按住纸块旋转着自上而下擦烧杯壁上的沉淀，然后用玻璃棒将滤纸角拨出，放入漏斗中心的滤纸上，与主要沉淀合并。吹洗烧杯，把擦"活"的沉淀微粒洗入漏斗中。在明亮处仔细检查烧杯内壁、玻璃棒、表面皿上是否还有痕迹，如果还有痕迹则需重复操作。也可用沉淀帚（图 2-28）按照自上而下、从左向右的规律擦洗烧杯内壁上的沉淀，然后洗净沉淀帚。

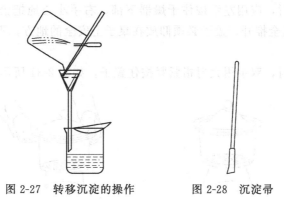

图 2-27　转移沉淀的操作　　　　图 2-28　沉淀帚

（4）洗涤

即清洗烧杯和洗涤漏斗上的沉淀。

洗涤的目的是除去吸附在沉淀表面的杂质及残留溶液。如图 2-29 所示，洗涤应从滤纸的多重边缘开始，螺旋形地往下，到多重部分停止，即"从缝到缝"。这样沉淀洗得干净且可将沉淀集中到滤纸的底部。洗涤沉淀时的原则是少量多次。每次所用洗涤剂的量要少，以便于尽快沥干。如此反复多次，直至沉淀洗净。一般洗涤 8～10 次，或洗至流出液无待检验离子为止（检验方法：用小试管或小表面皿接取少量滤液，滴入沉淀剂，无沉淀生成，则已洗涤完毕，否则需继续洗涤）。

图 2-29　在滤纸上洗涤沉淀　　　26　沉淀的转移与洗涤

过滤和洗涤沉淀的操作必须不间断地一次完成，否则沉淀会粘成一团，就洗涤不干净了。盛着沉淀或盛着滤液的烧杯都应用表面皿盖好，以免落入灰尘。每次过滤后，应将漏斗盖好。

2.7.4　沉淀的干燥和灼烧

沉淀经适当的加热处理，即可获得组成恒定、与化学式表示组成完全一致的沉淀。

（1）干燥器

干燥器（图 2-30）是密闭厚壁玻璃器皿，具有带磨口的盖子。常用以保存称量瓶、坩埚、试样等物。底部放干燥剂，一般是变色硅胶或无水氯化钙。干燥剂上方搁置洁净的带孔瓷板。干燥器的磨口边缘涂一薄层凡士林使之能与盖子密合。干燥器中的空气只是湿度相对降低，并不是绝对干燥，灼烧和干燥后的坩埚和沉淀在干燥器中放置过久，会吸收少量水分而增加质量。坩埚可放在瓷板孔内。

使用干燥器时应注意下列事项：

① 打开干燥器时，应用左手按住干燥器下部，右手小心地把盖子稍微推开，等冷空气徐徐进入后，才能完全推开。盖子必须仰放在桌子上安全的地方，不能平扣在桌子上。打开盖子时不能往上掀。

② 搬移干燥器时，双手用大拇指紧紧按住盖子，如图 2-31 所示。

图 2-30　干燥器　　　　图 2-31　搬干燥器的操作

③ 太热的物体不能直接放入干燥器中。较热的物体放入干燥器后，空气受热膨胀会把盖子顶起来，应当用手按住盖子，并不时把盖子稍微推开（不到 1s），以放出热空气。

④ 灼烧或烘干后的坩埚和沉淀，不宜在干燥器内放置过久，否则会因吸收一些水分而使质量略有增加。

（2）坩埚的准备

在沉淀的干燥和灼烧前，必须预先准备好坩埚。先将瓷坩埚洗净烘干后编号，然后在与灼烧沉淀相同的温度下加热灼烧瓷坩埚。第一次灼烧坩埚 40min（新坩埚需灼烧 1h）。从马弗炉中取出坩埚，放置约 0.5min 后将坩埚移入干燥器中，不能马上盖严，要暂留一个小缝隙（约为 3mm），过 1min 后盖严。将干燥器和坩埚一起在实验室冷却 20min 后，移至天平室冷却 20min，冷却至室温（各次灼烧后的冷却时间一定要保持一致）后方可取出称量。要快速称量以免受潮。第二次灼烧 20min，取出后和上次条件相同冷却后称量。如果前后两次称量结果之差不大于 0.3mg，即可认为坩埚恒重成功，否则还需再灼烧 20min，直到坩埚恒重。

（3）沉淀的包裹

按照图 2-32 中的（a）法或（b）法包晶形沉淀。将滤纸卷成小包将沉淀包好，用滤纸没有接触沉淀的部分，轻轻擦一下漏斗内壁，将可能粘在漏斗上部的沉淀微粒擦除。三层部分向上，把滤纸包放入已恒重的坩埚中，滤纸较易灰化。

（4）沉淀的干燥和灼烧

灼烧是指高于 250℃ 以上温度进行的处理，适用于用滤纸过滤的沉淀。沉淀的干燥和灼烧在恒重的坩埚中进行。沉淀和滤纸的烘干一般在电炉上进行。倾斜放置坩埚，三层滤纸部分朝上，盖上坩埚盖，留一些小空隙，在电炉上进行烘烤。稍加大火力，炭化滤纸。如遇滤纸着火，盖上坩锅盖，使坩埚内火焰熄灭（切不可用嘴吹灭），然后将坩埚盖移回，继续加热至全部炭化。注意火力不能突然加大，以免滤纸生成整块的炭。炭化后加大火焰灰化滤纸。滤纸灰化后全部呈灰白色。为了灰化坩埚壁上的炭，可以随时用坩埚钳夹住坩埚，每次转一极小的角度，以免沉淀飞扬。灰化后，将坩埚移入已恒温的高温炉中，灼烧 40min，其灼烧条件与灼烧空坩埚时相同。取出坩埚，按照要求冷却至室温，称重，然后进行第二次灼

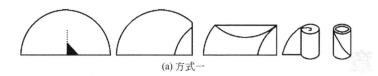

(a) 方式一

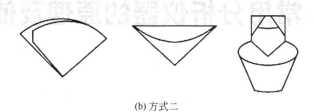

(b) 方式二

图 2-32　滤纸的折叠及沉淀的包裹

烧，直至坩埚和沉淀恒量。恒重，是指前后两次灼烧后的称量差值在 0.2～0.4mg 之内。一般第二次以后每次灼烧 20min。

从高温炉中取出坩埚时，一般先将坩埚移至炉口，红热稍退后，将坩埚取出放在洁净耐火板上。在夹取坩埚时应预热坩埚钳。坩埚冷至红热退去后，转至干燥器中，盖好盖子。随后须开启干燥器盖 1～2 次。坩埚冷却原则是冷至室温，一般需 30min 以上。每次灼烧、称量和冷却的时间都要一致。

27　沉淀的干燥

28　重量法自测题

第3章

常用分析仪器的原理及使用方法

3.1 酸 度 计

3.1.1 测量原理

酸度计，又称 pH 计，是通过测量电势差来测定溶液 pH 值和电势（mV）的仪器。

测量时，指示电极、参比电极和试液组成工作电池（原电池），形成闭路，电位计在零电流条件下测量其电动势。

玻璃电极的电极电势与试液 pH 值有如下关系：

$$E_x = 常数 + (2.303RT/F)pH_x \tag{3-1}$$

实际操作时，为了消去常数项的影响，采用同已知 pH 值的标准缓冲溶液相比较的方法，即

$$E_s = 常数 + (2.303RT/F)pH_s \tag{3-2}$$

式(3-1) 减式(3-2) 可得

$$pH_x = pH_s + (E_x - E_s)F/(2.303RT) \tag{3-3}$$

式中，E_x、E_s 分别为同一对电极在相同条件下测量标准缓冲溶液 s 和待测溶液 x 的电动势；pH_x 和 pH_s 分别为标准缓冲溶液 s 和待测溶液 x 的 pH 值；F 为法拉第常数（$F = 96500C \cdot mol^{-1}$）；$R$ 为摩尔气体常数（$R = 8.314J \cdot mol^{-1} \cdot K^{-1}$）；$T$ 为测定时的热力学温度，K。

3.1.2 仪器结构

酸度计主要由指示电极、参比电极和精密电位计三部分组成。

参比电极的电极电势不随试液组成的变化而变化。最常用的参比电极是甘汞电极，由金属汞、Hg_2Cl_2 和饱和 KCl 溶液组成，内玻璃管封接一根铂丝作为电极，铂丝插入纯汞中，纯汞下面有一层甘汞（Hg_2Cl_2）和汞（Hg）的糊状物。外玻璃管中装入饱和 KCl 溶液，下端用素烧瓷塞塞住，内外溶液通过素烧瓷塞的毛细孔进出。

玻璃电极是酸度计的指示电极，其电极电势随待测离子浓度的变化而变化。玻璃电极下

端的玻璃球泡是 pH 敏感电极膜，玻璃膜内盛有 $0.1mol \cdot L^{-1}$ KCl 溶液作内参比溶液，以 Ag-AgCl 为内参比电极。

电位计的功能就是将原电池的电位放大若干倍，放大的信号通过电表显示出来，pH 电位表的表盘刻有相应的 pH 数值，而数字式 pH 计则直接以数字显出 pH 值。

3.1.3　pHs-3C 酸度计的使用方法

pHs-3C 酸度计外形如图 3-1 所示。

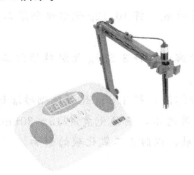

图 3-1　pHs-3C 酸度计

（1）标定

① 插上电源，打开酸度计电源开关，预热仪器 30min，选择 pH 挡。

② 按"温度"按钮，使之显示为温度激活状态，调整温度到室温后按"确认"键。

③ 将复合电极的保护外套取下，检查玻璃膜是否完好。玻璃膜保存完好的复合电极才能使用。

用蒸馏水清洗电极，并用吸水纸吸干。先将电极插入 pH 值为 6.86 的标准缓冲溶液中，按"定位"按钮使其处于激活状态，调节仪器读数与该缓冲溶液当前温度下的 pH 值一致，按"确认"键。用蒸馏水清洗电极，并用吸水纸吸干。然后将电极插入 pH 值为 4.00 的标准缓冲溶液中，按"斜率"按钮使其处于激活状态，调节仪器读数与该缓冲溶液当前温度下的 pH 值相一致，按"确认"键。

重复"定位"和"斜率"校正，直到读数稳定。

（2）测定 pH 值

将蒸馏水清洗过并用吸水纸吸干的电极插入待测溶液中，待读数稳定后，读取溶液 pH 值。

关闭电源开关，拔掉电源。用蒸馏水清洗电极，并用吸水纸吸干。将电极保护套插在电极上，保护液应没过玻璃膜。

（3）注意事项

① 测量电势时，将仪器选择开关拨至 mV 挡。

② 经标定后，"定位"和"斜率"键不能再触动，如不小心触碰，不能按"确认"，需直接按"pH/mV"。

③ 溶液搅拌和静置时读数不一致，一般应静置后再读数。

④ 第一次使用的 pH 电极或长期不使用的 pH 电极，在使用前须在 $3mol \cdot L^{-1}$ 氯化钾溶液中浸泡 24h。

⑤ 标定酸度计第一次用 pH 值为 6.86 的标准缓冲溶液，第二次用接近被测溶液 pH 值的缓冲液（被测溶液为酸性时，缓冲液选 pH＝4.00；被测溶液为碱性时，缓冲液选 pH＝9.18）。

⑥ 在校正和测试时，酸度计的玻璃电极泡要浸在液面之下。

⑦ 每次放入不同溶液之前，复合电极都需冲洗并擦拭干净。

附：标准缓冲溶液的配制方法。

① pH 值为 4.00 标准缓冲溶液：将 10.12g 优级纯邻苯二甲酸氢钾溶解于 1000mL 高纯水中。

② pH 值为 6.86 标准缓冲溶液：将 3.387g 优级纯磷酸二氢钾和 3.533g 优级纯磷酸氢二钠溶解于 1000mL 高纯水中。

③ pH 值为 9.18 标准缓冲溶液：将 3.80g 优级纯硼砂溶解于 1000mL 高纯水中。

注意：配制②、③溶液所用的水，应预先煮沸 15～30min 除去溶解的二氧化碳。在冷却过程中应尽量避免与空气接触，以防止二氧化碳的影响。

3.2 紫外-可见分光光度计

3.2.1 测量原理

利用物质分子对可见光或紫外线的选择性吸收而建立的光分析方法称为分光光度法，其在一定条件下对单色光的吸收符合朗伯-比耳定律。

$$A = \varepsilon bc$$

式中，A 为吸光度；ε 为摩尔吸光系数（与入射光的波长、吸光物质的性质以及温度有关）；b 为样品溶液的厚度，实验中即为比色皿的内边长；c 为吸光物质的浓度。

在分析化学中用来分析某种吸光物质的浓度，有目测比色法和仪器法。目测比色法用于限界分析，此处主要介绍仪器法。

3.2.2 仪器结构

紫外-可见分光光度计主要由光源、单色器、吸收池、检测器和显示器等组成（见图 3-2）。

光源的功能是提供稳定且强度足够大的连续光。钨灯或卤钨灯可作为可见光区测定的光源，氘灯可作为近紫外区测定的光源。

单色器是将光源提供的混合光色散成单色光的器件，也称为分光系统，通常由入射狭缝、色散元件、反射镜和出射狭缝等构成。其中色散元件是单色器的关键部件。常用的色散元件是棱镜和光栅。由于光栅分出的光分辨率高，所以现代高级分光光度计基本上都采用光栅作为色散元件。

吸收池，也称为比色皿，用光学玻璃或石英制成，玻璃比色皿仅能用于可见光区域，石

图 3-2　紫外-可见分光光度计

英比色皿可用于可见光和紫外线区域，但由于石英比色皿较贵，所以一般仅用于紫外区分析。比色皿有光程为 0.5cm、1cm 和 2cm 等规格，可根据待测物质的吸光能力等来选择合适的比色皿。

检测器是将检测到的光信号转变成电信号的器件，信号经放大和对数转换后，以模拟或数字信号的形式显示吸光度或对应的浓度值。

显示器即显示吸光度或浓度的装置，现在基本上都是通过在电脑上安装工作站软件，来发出扫描指令和显示吸光度或浓度值。

3.2.3　使用方法

(1) 分光光度计的一般使用方法

① 预热　仪器接通电源后，打开电源开关，预热 30min。

② 调零　设置入射光波长，选择"A/T"于 T 挡，轻轻打开样品盖（关闭光门），按"0％T"按钮，仪器显示"0.000"。

③ 调 100％T　将盛有参比溶液的比色皿置于光路中，轻轻盖上样品盖，按"100％T"按钮，仪器显示"100.0"。

④ 测试　选择"A/T"于 A 挡，推拉比色皿架拉杆（当拉杆到位时有定位感，到位时应前后轻轻推动一下，以确保定位正确），使盛有被测样品溶液的比色皿进入光路，此时显示器所显示的数值即为该溶液的吸光度。

⑤ 关闭分光光度计　关闭开关电源，拔掉电源，待仪器冷却后，盖上防尘罩。

(2) 比色皿的使用

① 使用前将比色皿在 2％的硝酸溶液中浸泡 24h，然后用自来水、蒸馏水依次冲洗干净（内壁不挂水珠为干净标准），用镜头纸或丝绸擦拭干透光面外壁。

② 将待测溶液装到比色皿 1/2 处，转动比色皿，让液体铺满比色皿内壁对其进行润洗，一般要求润洗 3 次。盛装溶液时，高度为比色皿高的约 2/3 处即可，光学面如有残液可先用滤纸轻轻吸干，然后再用镜头纸或丝绸擦拭。

③ 用完立即清洗，然后在通风、阴凉处干燥，等彻底干燥后放入比色皿盒中。放置时，比色皿盒保持清洁干燥，比色皿应秉承"光面朝上，毛面在两侧"的原则，这样便于抓取两边毛玻璃面拿出使用，不易弄污光面。

(3) 注意事项

① 比色皿在使用中应保持透光面的清洁，切勿用手指触摸透光面，只能用手指接触两

侧的毛玻璃。

② 分析常用的铬酸洗液不宜用于洗涤比色皿，这是因为带水的比色皿在该洗液中有时会局部发热，致使比色皿胶接面裂开而损坏。此外，经洗液洗涤后的比色皿还很可能残存微量铬，其在紫外区有吸收，因此会影响铬及其他有关元素的测定。也不可用洗洁精洗涤，一般用无水乙醇洗涤比色皿。

29 比色皿的使用 　　　　30 自测题答案

3.3 气相色谱仪

3.3.1 气相色谱原理

气相色谱法（gas chromatography，GC）出现于 1952 年，是一种以气体为流动相、以固体或液体为色谱柱固定相的色谱分离方法，主要利用被分离物质的沸点、极性及吸附性质的差异来实现混合物的分离。待测样品在一定的温度下汽化后，被流动相（载气，惰性气体）带入含有固定相的色谱柱，样品中分配系数不同的组分在流动相和固定相之间进行反复多次的分配（或吸附）→平衡→解析等一系列过程，最终在载气的带动下，先后流出色谱柱（与固定相作用力较小的组分先流出，与固定相作用力较大的组分后流出），因而实现混合物的分离，经过检测器后就得到一系列色谱峰。

气相色谱的特点可概括为高选择性、高效能、高灵敏度、分析速度快、应用范围广。气相色谱仪是目前科学研究和工业生产中应用最广的分析仪器之一。凡在 $-196\sim450\,^{\circ}\text{C}$ 的范围内，能够汽化且热稳定性好、相对分子质量小于 1000 的样品，均可以用气相色谱法分析。

3.3.2 气相色谱仪器

气相色谱仪已经成为十分普及的仪器，国内外生产厂商众多，有不同类型、不同型号及不同用途的气相色谱仪。但总体来说，气相色谱仪的基本结构是相似的，主要由气路系统、进样系统、柱系统、温度控制系统、检测系统、数据处理和控制系统等组成，见图 3-3。

① 气路系统　主要包括载气、检测器用气体的气源、气体净化和气流控制装置（压力表、针型阀、电子流量计等）。气相色谱常用载气为氮气、氢气、氦气和氩气等，可根据检测器类型和分离要求进行选择。载气在进入色谱柱前必须净化，目的是除去载气和检测气体中的水分、氧气和烃类等杂质。色谱柱与氧气或水分的持续接触，特别是在高温下，会导致色谱柱的严重破坏。如果气体在接头处有泄漏，净化器还可以起到一定的保护作用。

② 进样系统　包括进样装置和气化室，可有效地将待分析样品导入色谱柱进行分离。有多种进样器，如手动进样器、自动进样器等。

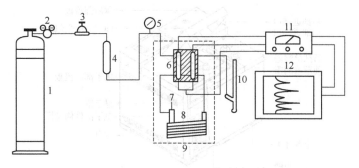

图 3-3　气相色谱仪示意图

1—高压气瓶（载气源）；2—减压阀；3—气流调节阀；4—净化器；5—压力表；
6—热导池；7—进样口；8—色谱柱；9—恒温箱（虚线框内）；10—流量计；
11—测量电桥；12—记录仪

③ 柱系统　包括精确控温的柱加热箱、色谱柱以及与进样口和检测器的接头等，是色谱仪的心脏。色谱柱有毛细管柱和填充柱两大类。

④ 温度控制系统　用来设置、控制和测量气化室、柱室以及检测室的温度。柱室控制温度有恒温和程序升温两种方式。检测室温度通常比柱温高 30～50℃。

⑤ 检测系统　检测器将载气中被测组分的浓度或质量转换为可被记录的电压信号或由计算机处理的数字信号。气相色谱检测器有几十种，通用的主要是热导检测器（TCD）和火焰离子化检测器（FID）。

⑥ 数据处理和控制系统　可以实现实验操作和数据采集自动化，具有数据处理功能。

3.3.3　气相色谱仪的操作

图 3-4 是一种典型气相色谱仪器的外观图（图中未包含气源部分和计算机），主要操作步骤如下。

(1) 准备

确认气路（载气，如使用氢火焰检测器时，须确认氢气发生器启动并达到要求流量）、电源线、信号线等已连接。

(2) 开机

① 打开气源（N_2：0.5MPa；H_2：0.2MPa；空气：0.5MPa）；
② 打开计算机，等待启动完全；
③ 接通气相色谱仪主机电源，等待自检完成；
④ 操作计算机进入色谱工作站；
⑤ 转换到"方法和运行控制"平台。

(3) 运行样品

按照仪器操作说明，设置实验菜单。在"方法和运行控制"平台，选择一个现成的运行方案或根据实验需要编辑一个完整的方法。根据样品情况，依次设定色谱柱类型、柱头压（流量、线速度）、进样口温度、分流方式、柱温（升温程序）、检测器温度、气体流量等，得到运行方法，随后，选择设定方法及参数保存的目录。完成后保存。

在"样品信息"平台输入样品信息，如样品数据文件名称、检测结果保存的文件夹等。

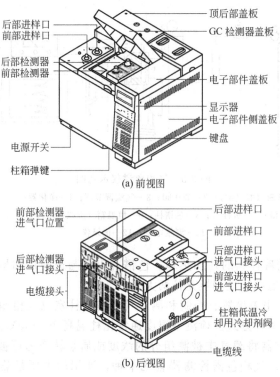

(a) 前视图

(b) 后视图

图 3-4 气相色谱仪外观图

等待系统准备就绪（各指示灯全部变为绿色）、基线平稳后，按下主机控制面板上"准备运行"按钮，手动进样器进样时，需按下主机面板上的"启动"键，系统开始采集数据。数据采集结束后，可按下计算机相应的快捷键（具体见说明书）停止数据采集。

(4) 数据处理

将计算机转换到"数据处理"平台，进入积分界面。分别可以调用样品的色谱图、采集数据的方法、积分优化窗口等，修改积分参数后，观察积分结果是否合理，反复修改到合理后进行确认并退出。指定报告类型，得到报告，可在打印机上打印。

(5) 关机

实验结束后，关闭检测器。各热源（柱温箱、进样口、检测器）需要降温，待柱温箱温度低于 50℃后，关气相色谱仪电源，最后关载气。

由于气相色谱仪仪器型号较多，色谱软件更新也非常频繁，因此需要根据实验具体所用仪器，参考仪器说明书中的相关操作、维护及工作站使用等内容。

3.4 高效液相色谱仪

3.4.1 高效液相色谱法原理

高效液相色谱法（high performance liquid chromatography，HPLC）是 20 世纪 60 年

代发展起来的一种色谱方法，它是在经典柱色谱基础上，采用了高压泵、高效固定相和高灵敏度检测器，从而具有了高分离速度、高分离效率和高检测灵敏度，成为最有效和应用最广泛的分离分析技术。

按照流动相及固定相的状态或作用机理的不同，高效液相色谱可分为以下几种类型：

(1) 液固吸附色谱

固定相为硅胶、氧化铝或聚酰胺等固体吸附剂。根据固定相对样品各组分吸附能力不同而将它们分离。

(2) 液液分配色谱

固定相由固定液涂渍或键合到惰性载体上而形成。根据样品各组分在固定相和流动相中的分配系数差别而得以分离。常用的惰性载体为硅胶和氧化铝，常用固定液有极性不同的几种，如聚乙二醇、十八烷、角鲨烷等。根据固定相和流动相极性不同，液液色谱可分为正相和反相分配色谱。

正相分配色谱流动相极性小于固定相极性，如流动相为疏水性溶剂或混合物（如己烷），固定相为亲水性的填料（如在硅胶上键合了羟基、氨基或氰基的极性固定相），适用于极性化合物分离，极性小的组分先流出。反相分配色谱流动相极性大于固定相极性，如采用与水混溶的有机溶剂（如甲醇、乙腈等）作流动相，以强疏水性的填料（如在硅胶上键和 C_8 或 C_{18}）作固定相，适用于非极性化合物的分离，出峰顺序与正相色谱相反。

(3) 离子交换色谱

固定相为离子交换树脂。树脂上的活性基团与流动相中带有相同电荷的离子进行交换，根据样品各离子的交换能力不同而进行分离。流动相常常采用水溶液。

(4) 凝胶色谱

固定相为多孔性的聚合物材料，具有直径为几十至几百纳米的孔穴。样品中小分子可以渗透到固定相孔穴内部，而大一些的分子则被排除在孔穴外，经过流动相洗脱后，样品中各组分按照分子大小得以分离。

此外，还有离子色谱、离子对色谱、亲和色谱及胶束色谱等。

与气相色谱相比，高效液相色谱对热稳定性差、易于分解、变质，具有生理活性的物质，及沸点高分子量大的物质都能够进行分离，应用范围更为广泛。气相色谱只能分析约 $15\%\sim20\%$ 的有机物，而高效液相色谱能分析约 $80\%\sim85\%$ 的有机物，从一般小分子有机物到药物、农药、氨基酸、低聚核苷酸、肽和分子量不大的蛋白质等都可以进行分析。高效液相色谱法最小检测量可达 $10^{-9}\sim10^{-11}$ g，分析时间一般少于 1h。

3.4.2　高效液相色谱仪器

按照流动相及固定相的状态或作用机理的不同，高效液相色谱可分为多种分离模式，但其仪器结构基本相同。目前，市场上的高效液相色谱仪种类很多。高效液相色谱仪一般主要由溶剂（流动相）输送系统、进样系统、色谱柱系统、检测系统及数据处理和控制系统组成，见图 3-5。

(1) 溶剂（流动相）输送系统

主要包括储液瓶、过滤头、高压输液泵以及连接管线等，作用是将流动相输送到色谱仪

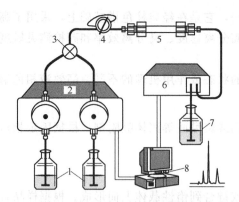

图 3-5　高效液相色谱仪组成示意图

1—储液瓶；2—高压输液泵；3—混合器和阻尼器；4—进样器；5—色谱柱；6—检测器；
7—废液瓶；8—数据处理和控制系统

中。高压输液泵有制备泵、分析泵以及微量或纳流泵等，可供不同流量需求选择使用。

(2) 进样系统

一般采用六通进样阀，作用是将被分析样品引入分离系统中。有适用于分析或制备需求的手动进样器和自动进样器。

(3) 色谱柱系统

色谱柱是色谱仪的核心，色谱柱材料一般采用不锈钢或聚醚醚酮（PEEK），样品在色谱柱固定相上实现分离。可以根据样品的类型和分离模式选择不同填料。

(4) 检测系统

有多种检测器可供选择，如可变波长扫描紫外检测器、二极管阵列检测器、多波长检测器、荧光检测器、示差折光检测器、电化学检测器，还有 LC-MS 四极杆质量检测器、LC-MS 离子阱质量检测器等。

(5) 数据处理和控制系统

可以实现实验操作和数据采集自动化，具有数据处理功能。

3.4.3　液相色谱仪的操作

图 3-6 是一种典型高效液相色谱仪器的外观图（图中未包含计算机部分），主要操作步骤如下。

(1) 准备

安装色谱柱、连接液路管线等。

(2) 流动相配制

根据实验要求配制单一或混合流动相。流动相各成分一定要先过滤，之后按照一定比例配制混合流动相溶液。

液相色谱分析中，溶剂和试样的过滤非常重要，对色谱柱、仪器起到保护作用，消除由于污染造成的对分析结果的影响。市售滤膜品种较多，使用时要特别注意其适用对象，水相滤膜和有机相滤膜不能混用。

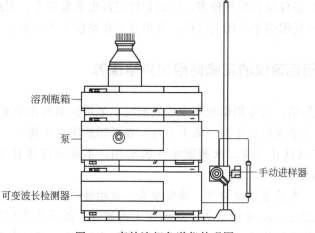

溶剂瓶箱

泵

可变波长检测器

手动进样器

图 3-6　高效液相色谱仪外观图

流动相使用前必须进行脱气处理，以除去其中溶解的气体（如 O_2），防止在洗脱过程中当流动相由色谱柱流至检测器时，因压力降低而产生气泡，从而导致基线噪声的增加，造成灵敏度下降，甚至无法分析。流动相中溶解的氧气可能会导致样品中某些组分被氧化；也可能使色谱柱中的固定相发生降解而改变柱的分离性能；若用荧光检测器，可能会造成荧光猝灭。

（3）开机

① 开启仪器高压泵电源，把准备好的流动相放入储液瓶中，并置于仪器上。

② 打开计算机，进入色谱工作站。

③ 打开冲洗阀。进入泵参数设定菜单，将泵流速设为 1.0mL·min^{-1}，确定后，开始冲洗系统，直到管线内（由溶剂瓶到泵入口）无气泡为止，切换通道继续冲洗，直到所有要用通道无气泡后，关泵，关闭冲洗阀。

（4）参数设定

① 参照仪器操作说明书编辑实验方法及各项参数，如泵参数（流量、梯度、柱子的最大耐高压等）、自动进样器参数（进样方式、进样体积等）、柱温箱温度、检测器参数（检测波长、响应时间）等。设定的方法及参数可以保存到指定目录。

② 在样品信息选项中输入样品信息，如样品数据文件名称、检测结果保存的文件夹、操作者名称等。

③ 启动系统，等仪器就绪、基线平稳后，开始实验。

（5）运行样品

根据被分析样品状态进行相应处理，配制成浓度适当的试液（溶解样品的溶剂必须与流动相互溶，且其洗脱能力不能强于流动相），过滤后进样，随后系统开始采集数据，色谱图自动存入指定文件夹。数据采集结束后，可按下计算机相应的快捷键（具体见说明书）停止数据采集。

（6）数据处理

包括数据导入、谱图优化、积分、打印报告等。

（7）关机

实验结束后，退出色谱工作站软件，关闭计算机。关闭电源开关。

由于高效液相色谱仪仪器型号较多，色谱软件更新也非常频繁，因此需要根据实验具体所用仪器，参考仪器说明书中的相关操作、维护及工作站使用等内容。

3.4.4 高效液相色谱仪的正确使用和科学保养

① 保持储液瓶清洁：对专用储液瓶应定期清洗；如用试剂瓶作储液瓶时，要经常更换。

② 保持过滤器畅通无阻：定期（如半个月）在稀硝酸溶液中超声、清洗过滤器。

③ 使用 HPLC 试剂和新蒸二次蒸馏水作流动相，不要使用多日存放的蒸馏水（易长菌）。流动相使用前必须过滤、脱气。

④ 使用仪器时，要注意放空排气，确保泵头、流动池以及其他流路系统中无气泡存在。

⑤ 珍惜保护色谱柱：a. 避免柱头突然产生大的波动，扰动损伤柱床；b. 采用保护柱，延长柱寿命；c. 避免超负荷进样；d. 经常用强溶剂冲洗柱子，将柱内强保留组分及时洗脱出，时间不少于 1h。

⑥ 实验结束后，一定要及时用适当溶剂冲洗柱子和进样阀，反相柱用足量的水彻底洗净其中的盐类、缓冲液，再用甲醇或乙腈冲洗，并保存在乙腈中。正相柱保存在非极性有机溶剂（如己烷）中。

⑦ 尽量用流动相溶解样品，避免出现拖尾峰、怪峰，还可避免试样在系统中由于溶解度降低而析出。

⑧ 用 HPLC 分析酸碱性物质，由于吸附作用（次级保留）使峰拖尾。加入改良剂可以大大改善峰形，提高积分的准确度。一般地：a. 分析酸性物质，可加入 1% 醋酸；b. 分析碱性物质，可加入 $10\sim20$mmol•L^{-1} 三乙胺；c. 酸碱混合物，可同时加入 1% 的醋酸和 $10\sim20$mmol•L^{-1} 三乙胺。

3.5　高效毛细管电泳仪

3.5.1 高效毛细管电泳原理

毛细管电泳（CE）是一类以毛细管为分离通道，以高压直流电场为驱动力，以样品的多种特性（电荷、大小、等电点、极性、亲和行为、相分配特性等）为根据的液相微分离分析技术。从 20 世纪 80 年代到现在，毛细管电泳经历了从逐渐加速到飞速发展的阶段。CE 实际上包含电泳、色谱及其相互交叉的内容，是分析科学中继高效液相色谱之后的又一重大进展，它使得分离分析科学从微升级水平进入到纳升级水平，并使得单细胞的分析，乃至单分子的分析成为可能。与此同时，也使长期困扰我们的生物大分子（如糖类、蛋白质等）的分离分析，因为 CE 的产生和迅速发展而有了新的转机。

毛细管电泳的驱动力为高压电场，分离通道是毛细管。一般采用石英毛细管。石英毛细管柱表面为硅胶，在一定的 pH 下，表面的硅羟基解离时带负电，和溶液接触时，在溶液中会形成双电层。毛细管电泳中，无论是带电粒子的表面还是硅胶的表面都有这种双电层，而主体溶液整体带正电，其中第一部分称为 Stern 层，又称为紧密层（compact layer），第二部分称为扩散层（diffuse layer）。阳离子在外加电场作用下向阴极与 Stern 层移动。由于这些阳离子是溶剂化的，因此，将拖动毛细管中的溶液整体向负极流动，形成了电渗流（图 3-7）。电渗流（electroosmosis flow，EOF）是指体相溶液在外电场的作用下整体朝向一个方向运动的现象。在硅胶表面由于双电层的存在，形成了 Zeta 电势，与硅胶表面的电荷数及双电层厚度有关，还受到离子性质、缓冲溶液 pH、缓冲溶液中阳离子和硅胶表面离子的平衡等因素的影响。

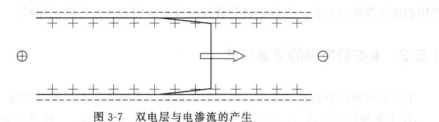

图 3-7　双电层与电渗流的产生

带电离子在电场中运动除了受到电场力的作用外，还会受到溶剂阻力的作用。一定时间后，两种力的作用就会达到平衡，此时离子做匀速运动，电泳进入稳态。一般来说，离子所带电荷越多、离解度越大、体积越小，电泳速度就越快。

3.5.2　毛细管电泳仪结构

毛细管电泳仪由高压直流电源、进样装置、毛细管、检测器和两个供毛细管插入并与电源电极相连的缓冲液储备瓶组成（图 3-8）。电泳在充满缓冲液的细内径毛细管内进行，典型的内径为 $25\sim75\mu m$。石英毛细管的两端置于装有缓冲液的电极槽中，毛细管内和电极槽中充有相同的缓冲液。两个电极槽中分别插入铂电极，在电极上加高电压。由于样品各组分在毛细管内的迁移速度不同，因而经过一定时间后，各组分按其速度大小顺序依次经过检测窗而被检出，得到按时间分布的电泳谱图。

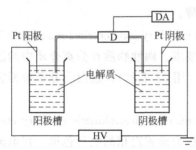

图 3-8　毛细管电泳仪的结构简图

① 高压电源　毛细管电泳一般采用 $0\sim30kV$ 连续可调的直流高压电源，可以根据实验需要选择不同的电压。

② 进样装置　一般有三种进样方法：压力进样、电迁移进样和扩散进样。在毛细管进样端上加压或在检测端抽真空或通过提高进样端由虹吸作用进样，其进样量几乎与样品的基质无关。电迁移进样是用样品瓶代替缓冲液瓶再加电压，通常所使用的电场强度是分离时的 $1/3\sim1/5$。扩散进样是利用浓度差扩散原理将样品分子引入毛细管。

③ 毛细管　毛细管一般使用内径为 $25\sim100\mu m$ 的弹性石英毛细管，外径为 $375\mu m$，这

种毛细管外层涂有聚酰亚胺，使其不容易折断。毛细管的容积很小，散热快，可使用自由溶液、凝胶等为支持介质。

④ 检测器　在毛细管电泳中常用的检测方法有紫外可见检测、荧光检测、磷光电化学检测和质谱检测等。其中紫外可见检测方法最为成熟，是绝大多数商品仪器的必备检测手段，也是最常用的检测手段。

⑤ 数据处理　毛细管电泳的数据记录、谱图形式和数据处理方法与色谱基本相同，可以用相应软件进行操作。定性定量的数据测定和运用方法也与色谱相同。

3.5.3　毛细管电泳的分离模式

毛细管电泳的分离模式很多，可以根据实际分离样品的需要加以选择。

① 毛细管区带电泳（capillary zone electrophoresis，CZE）　这是一种最基本的分离模式，根据被分析物在电泳中的电泳淌度不同来实现分离。在外加电场作用下，将待分析溶液从毛细管一端进样，各组分按各自的电泳淌度和电渗流的矢量和流出毛细管口，按阳离子、中性粒子和阴离子的顺序通过检测器，出峰时间即为迁移时间。多数情况下，电渗流的速度比电泳速度快 5～7 倍，在分析阳离子时，电渗流方向与离子移动的方向一致，不必处理毛细管内壁；但分析阴离子时，电渗流方向通常与离子移动的方向相反，需使用阴离子表面活性剂或改变 pH 等，以使离子移动的方向与电渗流方向相同。

② 毛细管凝胶电泳（capillary gel electrophoresis，CGE）　是由毛细管区带电泳衍生出的一种用凝胶物质作填充物来进行电泳的一种方式，根据通过凝胶物质的分子尺寸大小，利用凝胶物质的多孔性及类似于"分子筛"的作用来进行分离，是当今分离度极高的一种电泳分离技术。

③ 毛细管等速电泳（capillary isotachophoresis，CITP）　是一种在不连续介质中的泳动方式。它采用两种不同的缓冲液系统，待分离的组分根据其淌度不同，在特定的 pH 下依次连续迁移，得到不重叠的区带。

④ 毛细管等电聚焦电泳（capillary isoelectric focusing，CIEF）　是一种根据等电点的差异来分离生物大分子的电泳技术。两性物质在分离介质中的迁移造成 pH 梯度，其以电中性状态存在时的 pH 为等电点（用 pI 表示）。蛋白质分子根据它们等电点不同聚集在不同的位置上实现分离。

⑤ 胶束电动毛细管色谱（micellar electrokinetic capillary chromatography，MECC）　胶束电动毛细管色谱是一种以胶束作为准固定相的电动色谱。在电泳缓冲液中加入表面活性剂聚集形成胶束，溶质则在水和胶束两相间分配，各溶质因分配系数存在差别而被分离。

⑥ 毛细管电色谱（capillary electrochromatography，CEC）　在毛细管空管中填充、涂布、键合色谱固定相，在毛细管两端加高压直流电压，以电渗流或电渗流结合压力流来代替高压泵推动流动相，是高效液相色谱法和高效毛细管电泳的有机结合。

3.5.4　毛细管电泳仪的操作

图 3-9 是一种毛细管电泳仪外观，主要操作步骤如下。

图 3-9　毛细管电泳仪外观图

(1) 缓冲溶液（流动相）的配制

根据实验要求配制缓冲溶液。所有溶液在使用前，均须通过 $0.45\mu m$ 微孔滤膜进行过滤。

毛细管电泳分析中，溶剂和试样的过滤非常重要，对毛细管柱、仪器起到保护作用，消除由于污染造成的对分析结果的影响。市售滤膜品种较多，使用时要根据需要加以选择。

(2) 毛细管的准备

新的毛细管在使用前分别用 $1mol \cdot L^{-1}$ HCl 冲洗 30min、$1mol \cdot L^{-1}$ 的 NaOH 冲洗 30min、$0.1mol \cdot L^{-1}$ NaOH 冲洗 15min、超纯水冲洗 15min、缓冲液冲洗 15min。每次进样前，用 $0.1mol \cdot L^{-1}$ NaOH、超纯水、缓冲液分别冲洗 2min。如果是已经使用过的毛细管，在实验前先用 $0.1mol \cdot L^{-1}$ NaOH 冲洗毛细管 5min，再分别用二次蒸馏水和缓冲溶液冲洗 2min。每两次运行之间依次用 $0.1mol \cdot L^{-1}$ NaOH、H_2O、缓冲溶液冲洗 2min。

(3) 开机

① 把准备好的缓冲溶液及样品放入储液瓶中，并置于仪器上，开启仪器电源。

② 打开计算机，进入工作站。

(4) 参数设定

① 参照仪器操作说明书编辑实验方法及各项参数，如冲洗及分析电压、自动进样器参数（进样电压、时间等）、柱温箱温度、检测器参数等。设定的方法及参数可以保存到指定目录。

② 在样品信息选项中输入样品信息，如样品数据文件名称、检测结果保存的文件夹、操作者名称等。

③ 启动系统，运行毛细管的冲洗程序，等仪器就绪、基线平稳后，开始实验。

(5) 运行样品

将待分析样品进行处理后配制成浓度适当的试液，过滤后放置好，启动进样程序进样，随后启动分析程序，系统开始对已进样品按照已设定的条件开始分析。采集数据，电泳图自动存入指定文件夹。数据采集结束后，可按下计算机相应的快捷键（具体见说明书）停止数据采集。样品分析结束后再次运行毛细管的冲洗程序。如果试验已经结束，需要在毛细管中充满纯水，若长期不用需要用空气吹干。

(6) 数据处理

包括数据导入、谱图优化、积分、打印报告等。

(7) 关机

实验结束后，退出工作站，关闭计算机，关闭电源开关。

由于高效毛细管电泳仪仪器型号较多，软件更新也非常频繁，因此需要根据实验具体所用仪器，参考仪器说明书中的相关操作、维护及工作站使用等内容。

第 4 章

实 验 部 分

4.1　基本操作训练及溶液的配制、标定

实验 1　分析实验中容量仪器的校准

【实验目的】

1. 了解容量仪器校准的基本原理及过程。
2. 初步掌握滴定管、移液管和容量瓶的校准方法。
3. 学习并掌握容量瓶与移液管之间相对校准的操作。

【实验原理】

分析化学实验中常用的玻璃容量仪器如滴定管、移液管和容量瓶等，在出厂前其刻度或标示容量就已经过校准，且误差应在国家标准规定的允许范围之内。但由于长期使用过程中会产生腐蚀，为了满足分析测定的准确度，往往要再次对所使用的玻璃量器进行校准。

容量仪器的校准方法有绝对校准和相对校准之分。

绝对校准方法的原理是，称量一定温度下被校准容器中量入或量出纯水的表观质量，根据该温度下纯水的表观密度计算出该量器的实际容量。由于玻璃的热胀冷缩，在不同温度下，玻璃仪器的容积不同。因此，规定玻璃容量仪器使用的标准温度为 20℃，仪器上标注出的刻度和容积，称为标准温度（20℃）下容器的标称容量。

相对校准应用于需配套使用的容量瓶和移液管之间。

仪器校准不当，会产生容量误差，甚至超过允差或量器本身固有的误差，因此校准时必须正确、规范、仔细地进行操作。凡需要使用校正值的，其校准次数至少为两次，且两次校准数据的偏差应不超过该容器容量所允许偏差的 1/4，以两次校准平均值为校准结果。

滴定管、移液管和容量瓶按其容量精度均可分为 A 级和 B 级。国家规定的滴定管的容量允差和纯水的流出时间见表 1。

国家规定的移液管的容量允差和纯水的流出时间见表 2。

国家规定的容量瓶的容量允差见表 3。

表 1 滴定管的容量允差和纯水流出时间（引自国家标准 GB/T 12805—2011）

标称总容量/mL		1	2	5	10	25	50	100
分度值/mL		0.01	0.02	0.02	0.05	0.1	0.1	0.2
容量允差/mL	A	±0.010	±0.010	±0.010	±0.025	±0.04	±0.05	±0.10
	B	±0.020	±0.020	±0.020	±0.050	±0.08	±0.10	±0.20
纯水的流出时间/s	A	20～35	20～35	30～45	30～45	45～70	60～90	70～100
	B	15～35	15～35	20～45	20～45	35～70	50～90	60～100
等待时间/s		30						

表 2 移液管的容量允差和纯水的流出时间（引自国家标准 GB/T 12808—2015）

标称容量/mL		1	2	3	5	10	15	20	25	50	100
容量允差/mL	A	±0.007	±0.010	±0.015		±0.020	±0.025	±0.030		±0.050	±0.080
	B	±0.015	±0.020	±0.030		±0.040	±0.050	±0.060		±0.100	±0.160
水的流出时间/s	A	7～12		15～25		20～30		25～35		30～40	35～45
	B	5～12		10～25		15～30		20～35		25～40	30～45

表 3 容量瓶的容量允差（引自国家标准 GB/T 12806—2011）

标称容量/mL		1	2	5	10	20	25	50	100	200	250	500	1000	2000	5000
容量允差/mL	A	±0.010	±0.010	±0.020	±0.03	±0.05	±0.10	±0.15	±0.25		±0.40		±0.60	±1.20
	B	±0.020	±0.030	±0.040	±0.06	±0.10	±0.20	±0.30	±0.50		±0.80		±1.20	±2.40

【仪器及试剂】

酸式滴定管（50mL），移液管（25mL），容量瓶（100mL），具塞锥形瓶（50mL），温度计，烧杯（250mL），电子天平（百分之一、万分之一），铁架台。

蒸馏水。

【实验步骤】

1. 滴定管的校准

(1) 确定滴定管洁净：将一支 50mL 酸式滴定管洗净，擦干外壁后倒挂于铁架台上静置 5min 以上。然后将其正挂过来，打开活塞，用洗耳球将水从滴定管尖吸取上来。注意观察液面在上升过程中是否变形（即液面边缘是否起皱），如果变形，则应重新洗涤此滴定管。

(2) 确定滴定管洁净后，向管中注水至标线之上约 5mm 处，垂直挂在铁架台上等待 30s，然后将液面调节至 0.00mL。

(3) 取一个洗净、晾干的 50mL 具塞锥形瓶，在电子天平上称量其质量，称准至 0.001g。

(4) 将滴定管中的水放入锥形瓶，当液面降至被校分度线以上约 0.5mL 时，等待 15s。然后在 10s 内将液面调整至被校分度线，随即用锥形瓶壁将挂在滴定管尖嘴下的液滴靠下来，立即盖上瓶塞后进行称量，两次称量质量之差即为放出水的质量。

(5) 将温度计插入纯水中 5～10min，测量水温，根据水的温度查出该温度下纯水的表观密度，据此计算被校分度线的实际容量，并求出校正值 ΔV。

（6）按表 4 所列的容量间隔继续进行分段校准，每次校准都应从滴定管的 0.00mL 标线开始，每支滴定管重复校准一次。表中 V_{20} 为标称容量。以滴定管被校分度线的标准值称为横坐标，相应的校正值为纵坐标，绘制校准曲线。实际工作中，以实际读数加上从校准曲线上查出的校正值，即为所得溶液的真实体积。

表 4　滴定管校准记录表

校准分段/mL	称量记录/g				纯水的质量/g			实际体积 V /mL	校正值 ΔV/mL ($\Delta V = \Delta V - V_{20}$)
	第 1 次		第 2 次		第 1 次	第 2 次	平均		
	瓶	瓶＋水	瓶	瓶＋水					
0～5.00									
0～10.00									
0～15.00									
0～20.00									
0～25.00									

2. 移液管的校准

（1）取一个洗净、晾干的 50mL 具塞锥形瓶，在电子天平上称量其质量，称准至 0.001g。

（2）用一只洁净的 25mL 移液管准确移取 25mL 纯水到锥形瓶中，立即盖上瓶塞后称量纯水和锥形瓶的总质量。两次称量质量之差即为移液管中转移出的纯水的质量。

（3）插入温度计测量水温后，即可计算出移液管的实际容量。

3. 容量瓶的校准

（1）取一个洗净、晾干的 100mL 容量瓶，在电子天平上称量其质量，称准至 0.001g。

（2）取下容量瓶，注入纯水至标线以上几毫米，等待 2min 后，用滴管将多余的水吸出，使凹液面的最低点与标线水平相切，立即盖上瓶塞。称量容量瓶和纯水的总质量，两次称量质量之差即为容量瓶所容纳水的质量。

（3）插入温度计测量水温后，即可计算出容量瓶的实际容量。校准记录见表 5。

表 5　容量瓶校准记录表

标称容量/mL	容量瓶质量/g	（容量瓶＋水）/g	纯水的质量/g	实际容量/mL	校正值/mL

4. 移液管与容量瓶的相互校准

实际工作中，通常需要容量瓶和移液管配合使用。存在的问题是二者的实际容量是否为准确的整数倍关系，因此需要对二者进行相对校准。

用 25mL 移液管准确移取纯水 4 次至 100mL 容量瓶中。观察容量瓶中液面最低点是否与标线相切。若二者间距超过 2mm，应重新做标记。

此法在实际工作中使用较多，但相互校准后的移液管和容量瓶必须配套使用才有意义。

【思考题】

1. 为什么要对容量仪器进行校准？

2. 分段校准滴定管时，为何每次都要从 0.00mL 开始？

3. 校准滴定管时，为什么要先将滴定管倒挂静置 5min？

4. 容量瓶校准过程中，为何要注入纯水至标线以上后再将多余的水吸出？可以直接添加纯水至标线后进行校准吗？

【实验总结】

实验 2 天平称量练习

【实验目的】

1. 练习电子天平的基本操作，掌握常用的称量方法（直接称量法、差减称量法）。
2. 培养准确、整齐、简明记录实验数据的习惯。

【仪器及试剂】

电子天平（万分之一），称量瓶，瓷坩埚，称量纸条或白色棉手套，草酸钠（仅供称量练习使用）。

【实验步骤】

1. 取一个瓷坩埚，在电子天平上称其质量，称准至 $0.1mg$，记录为 m_0。
2. 取一个装有适量草酸钠的称量瓶，称其质量，称准至 $0.1mg$，记录为 m_1。
3. 采用差减称量法转移约 $0.4 \sim 0.6g$ 样品至瓷坩埚中，准确称量并记录称量瓶及剩余试样的质量 m_2。
4. 准确称量盛有草酸钠的瓷坩埚的质量，记录为 m_1'。
5. 计算从称量瓶中倾出的草酸钠质量 m_s 和瓷坩埚中倾入的草酸钠质量 m_s'，计算称量偏差，要求 $|m_s - m_s'| \leqslant 0.4mg$。
6. 重复实验一次。

【思考题】

1. 本实验中为何要求称量偏差不大于 $0.4mg$？
2. 使用称量瓶时，如何操作才能保证试样不致损失？
3. 是否电子天平的灵敏度越高，称量的准确度越高？

【实验数据】

项　　目	编　　号	
	1	2
（称量瓶+试样质量）m_1/g		
（倾出部分样品后称量瓶+试样质量）m_2/g		
倾出试样质量 m_s/g		
（坩埚+试样质量）m_1'/g		
空坩埚质量 m_0/g		
坩埚中的试样质量 m_s'/g		
操作结果检验（$m_s - m_s'$）/g		

【实验总结】

实验 3 酸碱滴定法操作练习

【实验目的】

1. 掌握滴定管的选择、检漏、洗涤、润洗、装液、调初读数等基本操作。
2. 掌握酸碱滴定管的基本操作及准确读取滴定管溶液体积的方法。
3. 熟悉甲基红、酚酞指示剂指示终点的颜色变化，掌握准确确定终点的方法。

【实验原理】

实验涉及的滴定反应为 NaOH 与 HCl 的酸碱反应：
$$NaOH + HCl = NaCl + H_2O$$
该反应中化学计量系数之比为 1 : 1，因此在化学计量点时，消耗 NaOH 和 HCl 的物质的量相等，是进行定量计算的基础。

在酸碱滴定中，常用的酸碱指示剂有甲基橙、甲基红、酚酞等。此实验中，用 $0.1mol \cdot L^{-1}$ NaOH 滴定 $0.1mol \cdot L^{-1}$ HCl，化学计量点时 pH=7.00，滴定突跃范围为 $4.30 \sim 9.70$，可以选择的指示剂有甲基橙、甲基红和酚酞，考虑到颜色易于观察，实验中选择酚酞作为指示剂，滴定终点溶液颜色由无色变为粉红色。$0.1mol \cdot L^{-1}$ HCl 滴定 $0.1mol \cdot L^{-1}$ NaOH 时，化学计量点时 pH=7.00，滴定突跃范围为 $9.70 \sim 4.30$，此时可以选择的指示剂为甲基红和酚酞，通常采用甲基红作指示剂，终点颜色由黄色变为橙色。

若两种滴定剂其中一种为已知浓度的标准溶液，而另一种溶液的浓度未知，可以通过比较滴定确定两者在滴定终点时的体积比，从而计算求得未知溶液的浓度。这是获得标准溶液浓度的方法之一。该方法对体积比的测定准确度有一定的要求。

实验通过测定一定浓度的 NaOH 和 HCl 的滴定体积比，来训练操作者对滴定操作基本技术的掌握及对滴定终点的判断能力，通过对实验结果精密度及准确度的要求，来检验操作者达到的熟练程度。

【仪器及试剂】

酸式滴定管（50mL），碱式滴定管（50mL），锥形瓶（250mL）。

HCl 溶液（$0.1mol \cdot L^{-1}$），NaOH 溶液（$0.1mol \cdot L^{-1}$），酚酞（0.2%），甲基红（0.2%）。

【实验步骤】

1. 准备滴定管

根据实验需求选择合适的酸式、碱式滴定管，按照基本操作中的要求，对滴定管进行检漏、洗涤、润洗，备用。

2. 比较滴定

(1) NaOH 溶液滴定 HCl 溶液

① 将 NaOH 溶液和 HCl 溶液分别装入已经润洗好的碱式滴定管和酸式滴定管中，分别

将初读数调至 0.00～5.00mL 之间（或 0.00mL 刻度线）。在实验记录本上记录酸、碱的初读数。

② 以适当的流速（约 10mL•min^{-1}）从酸式滴定管中放出 20～25mL HCl 溶液至锥形瓶中，准确记录酸的终读数（准确至 0.01mL），往锥形瓶中加入适量（约 2～3 滴）酚酞指示剂。

③ 用 NaOH 溶液滴定锥形瓶中的 HCl 溶液，当溶液由无色突变为浅粉红色，并保持 30s 内不褪色即为滴定终点，记录碱的终读数。

④ 进行三次平行实验，计算比较滴定的体积比 $V(HCl)/V(NaOH)$。三次平行实验的精密度以相对偏差表示，要求不大于 0.3%。

（2）HCl 溶液滴定 NaOH 溶液

① 将 NaOH 溶液和 HCl 溶液分别装入已经润洗好的碱式滴定管和酸式滴定管中，分别将初读数调至 0.00～5.00mL 之间（或 0.00mL 刻度线）。在实验记录本上记录酸、碱的初读数。

② 以适当的流速（约 10mL•min^{-1}）从碱式滴定管中放出 20～25mL NaOH 溶液至锥形瓶中，准确记录碱的第一个终读数（准确至 0.01mL），往锥形瓶中加入适量（约 1～2 滴）甲基红指示剂。

③ 用 HCl 溶液滴定锥形瓶中的 NaOH 溶液，当溶液由黄色突变为橙色即为滴定终点，记录酸的第一个终读数。

④ 继续从原碱式滴定管中放出 2mL 左右的 NaOH 溶液到此锥形瓶中，准确读数，此为碱的第二个终读数（约为 22mL）。用原酸式滴定管中的 HCl 溶液继续滴定溶液突变为橙色，记录酸的第二个终读数。

⑤ 连续滴定五次，得到五组酸碱消耗体积。计算每组滴定的 $V(HCl)/V(NaOH)$。实验的精密度以相对偏差表示，要求不大于 0.3%。

3. 滴定操作及终点颜色判断练习

（1）准备滴定管：根据实验需求选择合适的酸式滴定管、碱式滴定管，按照基本操作中的要求，对滴定管进行检漏、洗涤、润洗，备用。

（2）将 NaOH 溶液和 HCl 溶液分别装入已经润洗好的碱式滴定管和酸式滴定管中，分别将初读数调至 0.00～5.00mL 之间（或 0.00mL 刻度线）。

（3）以适当的流速（约 10mL•min^{-1}）从碱式滴定管中放出 20～25mL NaOH 溶液至锥形瓶中，往锥形瓶中加入适量（约 1～2 滴）甲基红指示剂。观察溶液颜色。

（4）用 HCl 溶液滴定锥形瓶中的 NaOH 溶液，边滴边摇，注意观察 HCl 溶液落入锥形瓶中瞬间的颜色变化。当接近终点时，可反复练习半滴的加入，直至溶液由黄色突变为橙色，即为滴定终点。

（5）再加入少量 NaOH 溶液至锥形瓶中，使溶液呈现黄色，然后再用 HCl 溶液滴定至溶液由黄色突变为橙色。反复练习直至熟练掌握滴定操作及终点判断。

【思考题】

1. 滴定管洗涤干净的标准是什么？哪些玻璃仪器在装入溶液之前需要润洗？

2. 什么是滴定误差？在滴定分析方法中如何避免滴定误差影响？

3. 在加入半滴滴定剂的过程中，溶液靠到了锥形瓶的壁上，有哪些方法可以冲洗下去？

4. 在比较滴定的实验中，采用不同的指示剂指示终点所得到的体积是否相等？是否相符？为什么？

【实验数据】

表1　NaOH 溶液滴定 HCl 溶液

项目	编号		
	1	2	3
HCl 终读数			
HCl 初读数			
$V(HCl)/mL$			
NaOH 终读数			
NaOH 初读数			
$V(NaOH)/mL$			
$V(HCl)/V(NaOH)$			
$V(HCl)/V(NaOH)$（平均值）			
相对偏差			

表2　HCl 溶液滴定 NaOH 溶液

项目	编号				
	1	2	3	4	5
NaOH 终读数					
NaOH 初读数					
$V(NaOH)/mL$					
HCl 终读数					
HCl 初读数					
$V(HCl)/mL$					
$V(HCl)/V(NaOH)$					
$V(HCl)/V(NaOH)$（平均值）					
相对偏差					

【实验总结】

实验 4　酸碱标准溶液的配制

【实验目的】

掌握酸碱标准溶液的配制。

【实验原理】

酸碱滴定中常用盐酸和氢氧化钠溶液作为滴定剂，盐酸和氢氧化钠溶液需要用间接法进行配制，因为浓盐酸易挥发，氢氧化钠容易吸收空气中的二氧化碳和水分。所配制的酸碱溶液的浓度是近似的，因此还必须经过标定来确定它们的准确浓度。在一些实验中，含有少量碳酸钠的氢氧化钠溶液会对终点颜色观察和滴定结果产生影响，要求配制不含 CO_3^{2-} 的氢氧化钠溶液。这种溶液的配制需要预先配制饱和的氢氧化钠溶液，其含量约为 50%（在 20℃时浓度约为 19mol·L^{-1}），这种溶液不溶解碳酸钠。取适量该溶液，用刚煮沸并已冷却的蒸馏水稀释后进行标定，便可以得到不含 CO_3^{2-} 的氢氧化钠溶液。

【仪器及试剂】

电子天平（百分之一），量筒（10mL、50mL、1000mL），烧杯（100mL），细口试剂瓶（1L），塑料试剂瓶（1L）。

浓盐酸（A.R.），固体 NaOH（A.R.），饱和 NaOH 溶液。

【实验步骤】

1. 盐酸标准溶液 $[c(HCl)\approx0.1mol·L^{-1}]$ 的配制

用大量筒取 1000mL 的蒸馏水，将约一半蒸馏水倒入 1L 的洁净细口试剂瓶中，用洁净的 10mL 量筒量取适量的浓盐酸 [自行计算，浓盐酸相对密度 1.18g·mL^{-1}，$w(HCl)=$37%，约 12mol·L^{-1}]，加入细口试剂瓶中，轻摇，再将大量筒中剩余的蒸馏水加入试剂瓶，盖好瓶塞，充分摇匀。浓盐酸易挥发，操作应在通风橱中进行。

2. 氢氧化钠标准溶液 $[c(NaOH)\approx0.1mol·L^{-1}]$ 的配制

用大量筒量取 1000mL 的蒸馏水，将约一半蒸馏水倒入 1L 的塑料试剂瓶中，在天平上迅速称取适量分析纯 NaOH 固体（自行计算）于 100mL 的烧杯中，马上加入约 30mL 的蒸馏水溶解，稍微冷却后转移至塑料试剂瓶中，轻摇，再将大量筒中剩余的蒸馏水加入试剂瓶，盖好瓶塞，充分摇匀。

3. 不含碳酸钠的氢氧化钠标准溶液 $[c(NaOH)\approx0.1mol·L^{-1}]$ 的配制

煮沸 1000mL 的蒸馏水，冷却至室温后倒入塑料试剂瓶中，加入适量饱和氢氧化钠溶液（自行计算），盖好瓶塞，充分摇匀。

4. 上述溶液配好后，分别贴上标签，写上试剂名称、日期、专业、姓名，保存备用。

【思考题】

1. 为什么要采用间接法配制酸碱溶液？

2. 配制 HCl 溶液及 NaOH 溶液所用水的体积是否需要准确量取？为什么？

3. 装 NaOH 溶液应该用什么试剂瓶？为什么？

【实验总结】

实验 5　NaOH 标准溶液的标定

【实验目的】

1. 掌握碱式滴定管的使用。
2. 掌握酚酞指示剂的变色范围和滴定终点的判断。

【实验原理】

NaOH 容易吸收空气中的水蒸气和 CO_2，故不可用直接法配制标准溶液，需要用间接法先粗配 NaOH 溶液，然后用基准物质标定其准确浓度。

常用来标定 NaOH 的基准物质有草酸（$H_2C_2O_4 \cdot 2H_2O$）和邻苯二甲酸氢钾（$KHC_8H_4O_4$）。邻苯二甲酸氢钾是两性物质（$pK_a^{\ominus}$ 为 5.4），易制得纯品，不易吸水，易保存；与 NaOH 按物质的量之比 1:1 反应，且摩尔质量大（$204.2g \cdot mol^{-1}$），可相对降低称量误差，故可直接称取数份做标定用，是标定碱的较理想的基准物质。NaOH 与邻苯二甲酸氢钾的反应方程式为：

$$KHC_8H_4O_4 + NaOH =\!=\!= KNaC_8H_4O_4 + H_2O$$

化学计量点时，溶液的 pH≈9.0，用酚酞作指示剂。

由反应式可知：

$$c(NaOH) = \frac{m(KHC_8H_4O_4)}{M(KHC_8H_4O_4)V(NaOH)}$$

【仪器及试剂】

电子天平（万分之一），碱式滴定管（50mL），锥形瓶（250mL）。

酚酞指示剂（0.2%），邻苯二甲酸氢钾（A.R.），待测 NaOH 溶液（$c≈0.1mol \cdot L^{-1}$）。

【实验步骤】

1. 在电子天平上用差减称量法准确称取（按计算量）邻苯二甲酸氢钾三份，分别置于已编号的锥形瓶中。
2. 各加约 30mL 的蒸馏水溶解（如没有完全溶解，可稍微加热，之后必须冷却至室温），加入 2 滴酚酞指示剂。
3. 用 $0.1mol \cdot L^{-1}$ NaOH 溶液滴定至溶液呈浅粉色，30s 内不褪色即到终点。
4. 平行标定三份，计算 NaOH 标准溶液的浓度，标定结果的相对极差不得大于 0.3%。

【思考题】

1. 滴定中指示剂酚酞的用量对实验结果有无影响？
2. 基准物质称完后，需加 30mL 蒸馏水溶解，蒸馏水的体积是否要准确量取？为什么？

项　目	编　号		
	1	2	3
$KHC_8H_4O_4$ 质量/g			
NaOH 终读数			
NaOH 初读数			
$V(NaOH)/mL$			
$c(NaOH)/mol \cdot L^{-1}$			
$\bar{c}(NaOH)/mol \cdot L^{-1}$			
相对极差			

【实验总结】

实验 6   HCl 标准溶液的标定

【实验目的】

1. 掌握酸标准溶液的标定方法。
2. 熟悉差减称量法。
3. 掌握甲基红指示剂来判断滴定终点的方法。

【实验原理】

市售盐酸为无色透明的 HCl 水溶液，HCl 含量为 36%～38%（质量分数），并且浓盐酸易挥发，所以在配制盐酸标准溶液时需采用间接配制法，即先粗配再通过标定法确定其准确浓度。

标定盐酸标准溶液常用的基准物有无水碳酸钠和硼砂。相较于无水碳酸钠，硼砂因其易于制得纯品，吸湿性小，且摩尔质量较大，更于标定盐酸。但由于硼砂含有结晶水，容易风化，故一般将硼砂储存于干燥器中（下置饱和蔗糖和氯化钠水溶液）。

用硼砂标定盐酸，化学计量点时 pH≈5.1，可用甲基红作为指示剂，终点时溶液颜色由黄色突变为橙色。滴定反应为：

$$Na_2B_4O_7 \cdot 10H_2O + 2HCl \Longrightarrow 4H_3BO_3 + 5H_2O + 2NaCl$$

$$c(HCl) = \frac{2m(Na_2B_4O_7 \cdot 10H_2O)}{M(Na_2B_4O_7 \cdot 10H_2O)V(HCl)}$$

【仪器及试剂】

电子天平（万分之一），酸式滴定管（50mL），碱式滴定管（50mL），锥形瓶（250mL）。

HCl 溶液（0.1mol·L^{-1}），硼砂（基准物质），甲基红指示剂（0.2%）。

【实验步骤】

1. 用差减法在电子天平上准确称取三份硼砂，分别置于已编序号的锥形瓶中，各加约 30mL 蒸馏水溶解（可微热促溶解，但需降到室温后方可开始滴定）。

2. 在上述锥形瓶中各加入 2 滴甲基红指示剂，用 0.10mol·L^{-1}盐酸溶液滴定，当锥形瓶中的溶液颜色由黄色突变为橙色即为滴定终点。准确记录所消耗的盐酸体积。

3. 平行测定 3 次，准确计算盐酸浓度，要求相对极差不大于 0.3%。

【实验数据】

项目	编号		
	1	2	3
$Na_2B_4O_7 \cdot 10H_2O$ 质量/g			
HCl 初读数/mL			

项目	编号		
	1	2	3
HCl 终读数/mL			
$V(\text{HCl})$/mL			
$c(\text{HCl})$/mol·L^{-1}			
$\bar{c}(\text{HCl})$/mol·L^{-1}			
相对极差			

【思考题】

1. 称量每份硼砂的质量不同对测定结果有无影响？
2. 溶解硼砂的水是否需要准确量取？
3. 若硼砂部分风化，会使测定结果偏高还是偏低？

【实验总结】

实验 7　EDTA 标准溶液的配制与标定

【实验目的】

1. 了解配位滴定的基本原理和特点。
2. 学习 EDTA 的配制与标定的方法。
3. 熟悉金属指示剂的应用。

【实验原理】

乙二胺四乙酸简称 EDTA，易溶于 NaOH 和氨溶液，难溶于水和有机溶剂，通常用其二钠盐（用 $Na_2H_2Y \cdot 2H_2O$ 表示，习惯上也称 EDTA），它能与多种金属离子形成 1∶1 的螯合物。由于其反应性强，不易得纯品，实验中常采用间接法配制标准溶液，然后用基准物质进行标定。标定 EDTA 的基准物质有 Cu、Zn、Pb 等，或者某些盐类，如 $CaCO_3$、$MgSO_4 \cdot 7H_2O$ 等。选择的基准物质应尽可能地与测定的实验条件一致，从而减少实验误差。如果对实验要求不高，可以直接配制使用。

本实验以 $CaCO_3$ 作为基准物质，铬黑 T（EBT）作指示剂，标定 EDTA 溶液，体系酸度用 pH＝10 的氨缓冲溶液控制。

含铬黑 T 指示剂的钙离子标准溶液颜色为酒红色：

$$Ca^{2+} + HIn^{2-} \Longrightarrow [CaIn]^- + H^+$$
$$\text{（蓝色）}\qquad\qquad\text{（酒红色）}$$

用 EDTA 溶液滴定，当溶液由酒红色变为蓝色时即为终点：

$$[CaIn]^- + H_2Y^{2-} \Longrightarrow [CaY]^{2-} + HIn^{2-} + H^+$$
$$\text{（酒红色）}\qquad\qquad\qquad\qquad\text{（蓝色）}$$

$$c(\text{EDTA}) = \frac{m(CaCO_3)}{M(CaCO_3)V(\text{EDTA})}$$

【仪器及试剂】

电子天平（万分之一），酸式滴定管（50mL），移液管（25mL），锥形瓶（250mL），容量瓶（250mL），烧杯（50mL），称量瓶，塑料试剂瓶。

EDTA（A.R.），碳酸钙（A.R.），NH_3-NH_4Cl 缓冲溶液（pH＝10），固体铬黑 T 指示剂，Mg^{2+}-EDTA 溶液，稀 HCl（1∶1）。

【实验步骤】

1. 钙标准溶液的配制及 EDTA 溶液的粗配

（1）用差减法准确称量（按计算量）碳酸钙于干净的小烧杯中，用少量水润湿后滴加 1∶1 的 HCl 溶液 10mL，加热溶解（除去 CO_2）。冷却至室温后，将溶液定量转移至 250mL 容量瓶中，用水稀释至刻度，摇匀。计算钙标准溶液的浓度。

（2）称取适量 EDTA（自行计算，浓度约为 $0.01mol \cdot L^{-1}$）于 100mL 烧杯中，加水微

热至完全溶解，冷却后转移至塑料试剂瓶中，加水稀释至 250mL，摇匀，备用。

2. EDTA 标准溶液浓度的标定

（1）用移液管移取 25.00mL 钙标准溶液于锥形瓶中，加 20mL 水和 5mL Mg^{2+}-EDTA，然后加 10mL NH_3-NH_4Cl 缓冲溶液及适量固体铬黑 T 指示剂。

（2）立即用配制的 EDTA 滴定，当溶液由酒红色变为蓝色时即为终点。

（3）平行标定三次。根据滴定消耗 EDTA 的准确体积计算其准确浓度。

3. 直接配制法配制 $0.01mol \cdot L^{-1}$ EDTA 标准溶液

一般分析工作可用直接法配制 EDTA 溶液。用电子天平准确称取一定量的 EDTA（自行计算），加水溶解（微热），冷却后定量转移至 250mL 容量瓶中，定容。

【思考题】

1. EDTA 溶液的标定反应中为什么要加入 Mg^{2+}-EDTA？
2. 滴定反应为什么在缓冲溶液中进行？

【注意事项】

1. 碳酸钙基准试剂加 HCl 溶解时要缓慢，以防二氧化碳逸出时带走部分溶液。
2. 配制 EDTA 溶液时要保证固体全部溶解。
3. 配位反应速率较慢，因此滴定时速度不能过快，尤其是接近终点时，应逐滴加入并充分摇动。

【实验数据】

项目	编号		
	1	2	3
$CaCO_3$ 质量/g			
$c(CaCO_3)$/mol·L^{-1}			
$V(CaCO_3)$/mL			
EDTA 初读数			
EDTA 终读数			
$V(EDTA)$/mL			
$c(EDTA)$/mol·L^{-1}			
$\bar{c}(EDTA)$/mol·L^{-1}			
相对偏差			

【实验总结】

实验 8　KMnO₄ 标准溶液的配制与标定

【实验目的】

1. 掌握 $KMnO_4$ 标准溶液的配制方法和保存方法。
2. 掌握用 $Na_2C_2O_4$ 作基准物质，标定 $KMnO_4$ 标准溶液的原理和方法。

【实验原理】

市售的 $KMnO_4$ 中常含有少量的 MnO_2 和其他杂质（如硫酸盐、氯化物及硝酸盐等），而且 $KMnO_4$ 的氧化性很强、稳定性不高，在生产、储存及配制成溶液的过程中易与其他还原性物质作用（例如配制时与水中的还原性杂质作用），因此 $KMnO_4$ 不能直接配制成标准溶液，必须进行标定。

称取 $KMnO_4$ 溶于一定体积的水中，加热煮沸，冷却后储存于棕色瓶中，在暗处放置 7～10 天，使水中的还原性杂质与 $KMnO_4$ 充分作用，然后将还原产物 MnO_2 过滤除去，再标定和使用。已标定过的 $KMnO_4$ 溶液在使用一段时间后必须重新标定。

标定 $KMnO_4$ 溶液常用的基准物质有 $H_2C_2O_4 \cdot 2H_2O$ 和 $Na_2C_2O_4$。$Na_2C_2O_4$ 不含结晶水，容易提纯，较为常用。

在热的酸性溶液中，$KMnO_4$ 和 $C_2O_4^{2-}$ 的反应如下：

$$2MnO_4^- + 5C_2O_4^{2-} + 16H^+ =\!=\!= 2Mn^{2+} + 10CO_2 \uparrow + 8H_2O$$

$$c(KMnO_4) = \frac{2m(Na_2C_2O_4)}{5M(Na_2C_2O_4)V(KMnO_4)}$$

【仪器及试剂】

电子天平（万分之一、百分之一），酸式滴定管（50mL），细口试剂瓶（1L），锥形瓶（250mL），烧杯（500mL），量筒（10mL），表面皿。

$KMnO_4$（A.R.），$Na_2C_2O_4$ 基准物（A.R.，于 105℃ 干燥 2h），H_2SO_4（3mol·L⁻¹）。

【实验步骤】

1. $0.02mol·L^{-1}$ 高锰酸钾溶液的配制

用电子天平（百分之一）称取适量（自行计算）$KMnO_4$ 固体于 500mL 烧杯中，加入 400mL 去离子水，盖上表面皿，在电炉上加热至微沸，保持 15min 左右，冷却后转入试剂瓶中，置于暗处。放置一周后，过滤备用。

2. 高锰酸钾溶液的标定

（1）准确称取适量（自行计算）$Na_2C_2O_4$ 基准物质三份，分别放于已编号的锥形瓶中，加约 30mL 去离子水溶解。

（2）加入 10mL 3mol·L⁻¹ H_2SO_4，在电炉上加热到 75～85℃（瓶口开始冒气，手触瓶壁感觉烫手，但瓶颈可以用手握住）。

（3）趁热用 $KMnO_4$ 标准溶液滴定。滴入第一滴后，摇动，待褪色后再滴第二滴，逐渐加快，近终点时应逐滴或半滴加入，至溶液变为粉红色，且30s内不褪色即为终点，此时溶液温度应高于60℃。

（4）记下此时 $KMnO_4$ 的体积。平行标定三次，计算 $c(KMnO_4)$。结果的相对极差不大于0.3%。

【注意事项】

1. 温度。75～85℃，滴定完毕后的温度不应低于60℃，温度过低，则反应慢，$KMnO_4$ 颜色褪去不及时，影响终点判断；过高（>90℃），则部分 $H_2C_2O_4$ 分解：

$$H_2C_2O_4 =\!=\!= CO_2\uparrow + CO\uparrow + H_2O$$

2. 酸度。控制适宜的酸度条件。酸性条件下，$KMnO_4$ 的氧化能力较强。但酸度过高时 $H_2C_2O_4$ 会分解；酸度不够，易生成 MnO_2 沉淀。

3. 滴定速度。开始滴定时不宜太快，否则 $KMnO_4$ 来不及与 $C_2O_4^{2-}$ 反应，在热的酸性溶液中分解：

$$4KMnO_4 + 2H_2SO_4 =\!=\!= 4MnO_2 + 2K_2SO_4 + 2H_2O + 3O_2\uparrow$$

反应中生成的 Mn^{2+}，使反应速率逐渐加快，称为自催化作用。少量 MnO_4^- 过量时，溶液由无色变为粉红色，即为终点，因此不必另加指示剂。但粉红色不能持久，空气中的还原性气体和灰尘都能与 MnO_4^- 缓慢作用，故只要0.5～1min不褪色即可。

【思考题】

1. 配制 $KMnO_4$ 溶液时应注意些什么？

2. 用 $Na_2C_2O_4$ 标定 $KMnO_4$ 溶液时，为什么开始滴入的紫色消失缓慢，后来却消失得越来越快，直至滴定终点出现稳定的紫红色？

3. $KMnO_4$ 颜色很深，如何读取其体积数？

【实验数据】

项　　目	编　号		
	1	2	3
$m(Na_2C_2O_4)/g$			
$KMnO_4$ 终读数			
$KMnO_4$ 初读数			
$V(KMnO_4)/mL$			
$c(KMnO_4)/mol \cdot L^{-1}$			
$\bar{c}(KMnO_4)/mol \cdot L^{-1}$			
相对极差			

【实验总结】

实验9 Na₂S₂O₃标准溶液的配制与标定

【实验目的】

1. 掌握配制、保存及标定 $Na_2S_2O_3$ 标准溶液的方法。
2. 掌握配制 $K_2Cr_2O_7$ 标准溶液的方法。
3. 掌握碘量瓶的使用方法，了解淀粉指示剂的作用原理。

【实验原理】

碘量法是一种在无机及有机物分析中经常采用的方法，有直接碘量法和间接碘量法。其中间接碘量法以硫代硫酸钠作为滴定剂。硫代硫酸钠（$Na_2S_2O_3 \cdot 5H_2O$）一般含有少量杂质（如 S、Na_2SO_4、NaCl、Na_2CO_3 等），并且容易风化和潮解，因此不能采用直接配制法得到其准确浓度的标准溶液，通常采用间接配制法。为了避免 $Na_2S_2O_3$ 溶液受空气中的氧、水中的微生物、溶解在水中的 CO_2 的影响而分解，配制溶液所需要的水为新煮沸并冷却后的蒸馏水，并向配制好的溶液中加入约 0.02% 的 Na_2CO_3。溶液在标定前需放置 1~2 周，待其浓度稳定后方可标定。

标定 $Na_2S_2O_3$ 溶液采用的基准物质一般为 $K_2Cr_2O_7$、KIO_3、$KBrO_3$ 和纯铜。本实验采用 $K_2Cr_2O_7$ 作为基准物质。在强酸性条件下，$K_2Cr_2O_7$ 将 I^- 定量氧化为 I_2，硫代硫酸根与反应产生的碘发生定量反应，反应方程式如下：

$$Cr_2O_7^{2-} + 9I^- + 14H^+ =\!=\!= 3I_3^- + 2Cr^{3+} + 7H_2O$$

$$I_3^- + 2S_2O_3^{2-} =\!=\!= 3I^- + S_4O_6^{2-}$$

滴定采用淀粉溶液作为指示剂，滴定至近终点时加入指示剂，终点时溶液变为绿色。

$$c(Na_2S_2O_3) = \frac{6m(K_2Cr_2O_7)}{M(K_2Cr_2O_7)V(Na_2S_2O_3)}$$

【仪器及试剂】

电子天平（万分之一、百分之一），碱式滴定管（50mL），碘量瓶（250mL），烧杯（100mL、500mL），移液管（25mL），量筒（5mL、10mL、50mL），容量瓶（250mL）。

$Na_2S_2O_3 \cdot 5H_2O$(A.R.)，$K_2Cr_2O_7$（基准物质），Na_2CO_3(A.R.)，H_2SO_4（3mol·L⁻¹），KI 溶液（10%），淀粉指示剂（0.5%）。

【实验步骤】

1. 0.02mol·L⁻¹ $K_2Cr_2O_7$ 标准溶液的配制

准确称取适量（自行计算）固体 $K_2Cr_2O_7$ 至 100mL 烧杯中，加水溶解后转移至 250mL 容量瓶中定容，计算 $c(K_2Cr_2O_7)$。

2. 0.1mol·L⁻¹ $Na_2S_2O_3$ 标准溶液的配制

煮沸 500mL 的蒸馏水，冷却至室温后倒入塑料试剂瓶中，称取适量（自行计算）$Na_2S_2O_3 \cdot 5H_2O$ 溶于水中并加入适量（自行计算）固体 Na_2CO_3，放置到实验柜中，一周后再标定。

3. $Na_2S_2O_3$ 标准溶液的标定

（1）用 25mL 移液管准确移取 25.00mL $K_2Cr_2O_7$ 标准溶液至 250mL 碘量瓶中，随后加入 10mL H_2SO_4 溶液（3mol·L^{-1}），20mL KI 溶液，加盖摇匀，水封。放置在暗处，计时 5min。

（2）将 $Na_2S_2O_3$ 溶液装入已经润洗好的碱式滴定管中，将初读数调至 0.00~5.00mL 之间（或 0.00mL 刻度线）。

（3）往碘量瓶中加水稀释溶液至 100mL，立即用准备好的 $Na_2S_2O_3$ 标准溶液滴定红棕色溶液，至溶液呈浅黄绿色时加入淀粉指示剂 2mL，之后继续用 $Na_2S_2O_3$ 标准溶液滴定溶液至蓝色刚好消失，溶液呈绿色即为终点。

（4）实验平行进行三次，要求所消耗 $Na_2S_2O_3$ 溶液的体积差不大于 0.03mL。探究反应的计量关系，计算 $Na_2S_2O_3$ 标准溶液的准确浓度。

【思考题】

1. 如何配制、保存 $Na_2S_2O_3$ 溶液？使用新鲜煮沸并冷却后的蒸馏水配制溶液的目的是什么？

2. 标定 $Na_2S_2O_3$ 标准溶液时，什么时候加入淀粉指示剂？为什么？

3. $K_2Cr_2O_7$ 将 I^- 定量氧化为 I_2 的反应为什么要在暗处进行？

4. 碘量瓶为什么要采取水封？

【实验数据】

项目	编号		
	1	2	3
$c(K_2Cr_2O_7)$/mol·L^{-1}			
$V(K_2Cr_2O_7)$/mL			
$Na_2S_2O_3$终读数			
$Na_2S_2O_3$初读数			
$V(Na_2S_2O_3)$/mL			
$c(Na_2S_2O_3)$/mol·L^{-1}			
$\bar{c}(Na_2S_2O_3)$/mol·L^{-1}			
相对极差			

【实验总结】

实验 10　$AgNO_3$ 和 NH_4SCN 标准溶液的配制及标定

【实验目的】

1. 熟悉沉淀滴定法的基本原理。
2. 掌握 $AgNO_3$ 和 NH_4SCN 标准溶液的配制方法。
3. 练习用 $AgNO_3$ 标定 NH_4SCN 标准溶液的滴定操作。

【实验原理】

沉淀滴定法是以沉淀反应为基础的一种滴定分析方法。银量法是常用的沉淀滴定法，原理是以生成难溶银盐的沉淀滴定分析法来测定被测物质的含量。$AgNO_3$ 和 NH_4SCN 标准溶液是银量法中常用的标准溶液。其中 $AgNO_3$ 可以用基准物直接配制，而 NH_4SCN 由于其固体易吸湿，不能准确称量，需用 $AgNO_3$ 进行标定，反应原理如下：

在酸性溶液中，以 $FeNH_4(SO_4)_2 \cdot 12H_2O$（铁铵矾）为指示剂，用 NH_4SCN 标准溶液直接滴定银离子，该反应又称为佛尔哈德法。

滴定反应为：$Ag^+ + SCN^- \longrightarrow AgSCN \downarrow$（白色）　　　　$K_{sp} = 1.03 \times 10^{-12}$

终点时：　　　$Fe^{3+} + SCN^- \longrightarrow [Fe(SCN)]^{2+}$（淡棕红色）　$K_f = 200$

该反应需要注意滴定应在 $0.1 \sim 1 mol \cdot L^{-1}$ 的硝酸介质中进行，如果酸度太低，铁离子的水解会影响终点判断，指示剂浓度不宜太大，浓度太大时 Fe^{3+} 自身颜色会干扰终点。

$$c(NH_4SCN) = \frac{c(AgNO_3)V(AgNO_3)}{V(NH_4SCN)}$$

【仪器及试剂】

电子天平（万分之一），移液管（25mL），烧杯（100mL、500mL），容量瓶（250mL），酸式滴定管（50mL），锥形瓶（250mL）。

$AgNO_3$（A.R.），NH_4SCN（A.R.），$0.5g \cdot mL^{-1}$ 铁铵矾指示剂，浓硝酸（A.R.），蒸馏水。

【实验步骤】

1. $0.1 mol \cdot L^{-1} AgNO_3$ 标准溶液的配制

用差减法准确称取一定量的 $AgNO_3$ 基准物，置于 100mL 烧杯中，溶解并转移到 250mL 容量瓶中，用蒸馏水稀释至刻度，摇匀备用。

2. $0.1 mol \cdot L^{-1} NH_4SCN$ 标准溶液的配制

称量一定量的 NH_4SCN 固体，置于烧杯中，溶解并用蒸馏水稀释至约 250mL，保存于洁净的试剂瓶中，摇匀备用。

3. 滴定操作

（1）用移液管吸取 25.00mL $AgNO_3$ 标准溶液，置于 250mL 锥形瓶中，加入 $6 mol \cdot L^{-1}$ HNO_3 3mL 和铁铵矾指示剂 1mL，用 NH_4SCN 标准溶液滴定。

（2）滴定过程中剧烈摇动锥形瓶，滴定至溶液呈鲜红色，并保持 30s 内不褪色即为终点。

（3）平行测定三次，记录滴定前后滴定管中 NH_4SCN 标准溶液的体积。测定结果的相对极差不大于 0.3%。根据测定结果计算 NH_4SCN 标准溶液的浓度。

【思考题】

1. 铁铵矾在此实验中作指示剂的原理是什么？如果加入量过大会产生什么现象？
2. 可否用本实验方法测定氯离子浓度，应如何设计实验？

【实验数据】

项目	编号		
	1	2	3
$AgNO_3$质量/g			
$V(AgNO_3)$/mL			
$c(AgNO_3)$/mol·L^{-1}			
NH_4SCN 初读数/mL			
NH_4SCN 终读数/mL			
$V(NH_4SCN)$/mL			
$c(NH_4SCN)$/mol·L^{-1}			
$\bar{c}(NH_4SCN)$/mol·L^{-1}			
相对极差			

【实验总结】

4.2 酸 碱 滴 定

实验 11 食醋中总酸含量测定

【实验目的】

1. 巩固滴定、溶液转移和配制标准溶液等基本操作。
2. 掌握滴定法测定总酸的原理及操作要点。

【实验原理】

食醋的主要成分是醋酸（CH_3COOH），此外还含有少量的其他弱酸，如乳酸等。醋酸的解离常数 $K_a^{\ominus} = 1.8 \times 10^{-5} > 10^{-7}$，故可用 NaOH 标准溶液滴定，其反应式是：

$$NaOH + CH_3COOH = CH_3COONa + H_2O$$

当用 NaOH 标准溶液滴定醋酸溶液时，化学计量点的 pH 约为 8.7，可用酚酞作指示剂，滴定终点时溶液由无色变为浅粉色。由于食醋常常颜色较深，用活性炭脱色困难时，不便用指示剂观察终点，滴定终点也可以用 pH 计指示。另外，常用食醋中可能存在的其他各种形式的酸也与 NaOH 反应，所得应为总酸度。

$$\rho(HAc) = \frac{c(NaOH)V(NaOH)M(HAc)}{V(HAc)}$$

【仪器及试剂】

移液管（25mL），容量瓶（250mL），碱式滴定管（50mL），锥形瓶（250mL）。

食醋样品（用 25.00mL 移液管吸取食醋试液一份，置于 250mL 容量瓶中，用蒸馏水稀释至刻度，摇匀备用），NaOH 标准溶液，酚酞指示剂（0.2%）。

【实验步骤】

1. 用移液管吸取 25.00mL 食醋样品，置于 250mL 锥形瓶中，加入酚酞指示剂 2 滴，用 NaOH 标准溶液滴定，直到溶液由无色变为浅粉色，并保持 30s 内不褪色即为滴定终点。
2. 平行测定三份试样，记录滴定时消耗的 NaOH 溶液的体积。测定结果的相对极差应小于 0.3%。
3. 根据测定结果计算试样中总酸的含量，以 $\rho(g \cdot L^{-1})$ 表示。

【注意事项】

1. 由于食醋中酸的浓度较大（3%~6%），加上颜色较深会影响终点判断，故需要稀释后测定。
2. 标定后的 NaOH 标准溶液在保存时若吸收了空气中的 CO_2，以它测定食醋中醋酸的浓度，用酚酞作为指示剂，则测定结果会偏高。为使测定结果准确，应重新标定。

【思考题】

1. 滴定醋酸为什么采用酚酞作指示剂，而不用甲基橙和甲基红？
2. 滴定完毕，酚酞指示剂由无色变为微红色，为什么长时间放置后又变为无色？

【实验数据】

项　　目	编　　号		
	1	2	3
$c(\text{NaOH})/\text{mol} \cdot \text{L}^{-1}$			
$V(\text{HAc})/\text{mL}$		25.00	
NaOH 终读数			
NaOH 初读数			
$V(\text{NaOH})/\text{mL}$			
$\bar{V}(\text{NaOH})/\text{mL}$			
$\rho(\text{HAc})/\text{g} \cdot \text{L}^{-1}$			
相对极差			

【实验总结】

实验 12　盐酸-氯化铵混合溶液中各组分含量的测定（甲醛法）

【实验目的】

1. 通过容量分析法测定盐酸-氯化铵混合溶液中各组分的含量，掌握强酸与弱酸分步滴定的原理及条件。

2. 学习用甲醛对弱酸进行强化的基本原理和方法。

【实验原理】

本实验采用酸碱滴定法测定 HCl 和 NH_4Cl 混合液中各组分的含量。其中，HCl 是一元强酸，可用 NaOH 直接滴定，而 NH_4Cl 是一元弱酸（解离常数 $K_a^\ominus = 5.6 \times 10^{-10}$），无法用 NaOH 标准溶液直接准确滴定，但可以通过与甲醛反应得到强化。第一步滴定为 NaOH 滴定 HCl 和 NH_4Cl 混合液，第一步测定盐酸含量的原理参见实验 14 氨水中的氨含量测定。

甲醛与 NH_4^+ 作用，定量置换出酸，生成质子化的六亚甲基四胺和 H^+：

$$4NH_4^+ + 6HCHO = (CH_2)_6N_4H^+ + 3H^+ + 6H_2O$$

然后用 NaOH 标准溶液进行滴定。

$(CH_2)_6N_4H^+$ 的 $pK_a^\ominus = 5.15$，与反应生成的 H^+ 一起被滴定，化学计量点时生成 $(CH_2)_6N_4$，此时溶液 pH 值约为 8.7，可以用酚酞指示滴定终点。

$$(CH_2)_6N_4H^+ + OH^- = (CH_2)_6N_4 + H_2O$$

【仪器及试剂】

碱式滴定管（50mL），移液管（25mL），锥形瓶（250mL），量筒（5mL）。

$NaOH(0.1mol \cdot L^{-1})$ 标准溶液的配制和标定参见实验 4 和实验 5，酚酞指示剂（0.2%），甲基红指示剂（0.2%），甲醛溶液（1∶1，中性）。

【实验步骤】

1. 甲醛的预处理

甲醛中常常含有微量的甲酸，使用前应该中和除去，否则会使测定结果偏高。具体方法为：将原始甲醛溶液用水稀释一倍，在 25mL 稀释液中加入 2 滴酚酞，用 $0.1mol \cdot L^{-1}$ NaOH 溶液滴定至浅粉红色，储存备用。

2. 混合液中 HCl 含量的测定

准确移取 25.00mL HCl 和 NH_4Cl 混合试液于锥形瓶中，加入 2 滴甲基红指示剂，充分摇匀，用 $0.1mol \cdot L^{-1}$ NaOH 标准溶液滴定至溶液呈现橙色，且 30s 内不褪色即达到滴定终点，记录所耗 NaOH 标准溶液的体积（mL），记为 V_1，计算 HCl 的含量。平行测定三份试样，测定结果的相对偏差不大于 0.3%。

3. 混合液中 NH_4Cl 含量的测定

在上述溶液中加入 5mL 甲醛溶液（1∶1，中性），加入 2 滴酚酞指示剂，充分摇匀，并放置 1~2min，继续用 $0.1mol \cdot L^{-1}$ NaOH 标准溶液滴定至橙色或者微红色（黄色与粉红色的混合色），且 30s 不褪色即停止滴定，记录终点时 NaOH 标准溶液的体积（mL），记为 V_2，计算 NH_4Cl 的含量。

平行测定三份试样，记录每步滴定时消耗的 NaOH 标准溶液的体积。测定结果的相对偏差不大于 0.3%。

【思考题】

实验中所用的甲醛法是否适用于 $(NH_4)_2SO_4$、NH_4NO_3 含量的测定？

【注意事项】

甲醛对眼睛有较大刺激性，实验时要注意在通风橱中进行。

【实验总结】

实验 13 硫磷混酸中组分含量的测定

【实验目的】

1. 掌握强酸与多元弱酸混合时，测定各组分含量的原理。
2. 学会确定溶液的 pH 值，选择合理的指示剂。
3. 学会对分析结果进行讨论，探讨不同实验方案间结果的差异。

【实验设计背景知识】

目前，湿法磷酸工艺处于磷酸生产的主导地位。湿法生产是用无机酸分解磷矿粉，分离出粗磷酸，再经净化后制得磷酸产品。湿法磷酸工艺按其所用无机酸的不同可分为硫酸法、硝酸法、盐酸法等。目前主要采用硫酸湿法磷酸工艺。产品中往往含有少量的硫酸。同样在精制低砷黄磷过程中，还会产生硫酸、磷酸、硝酸的混合酸溶液。在钢铁电镀抛光液中也含有硫酸和磷酸。因此，准确确定混酸中各组分的含量，对选择用何种方法处理混酸中的杂质非常重要。

另外，硫磷混酸常用于分解矿样，例如采用硫磷混酸直接分解浮选尾矿制备磷镁肥，采用硫磷混酸分解磷矿粉制高浓度富过磷酸钙，不锈钢样品的分解等。硫磷混酸还常用于调节反应体系的酸度等。混酸中硫酸和磷酸的含量会影响矿样的分解及酸度的调节，因此也需要测定出混酸中各组分的含量。

目前，测定硫磷混酸含量常用的是酸碱滴定法，对于硫酸含量低的样品也可用重量分析法进行分析。

【实验要求】

首先查阅相关文献，根据实验室现有条件，自拟实验研究方案（包括实验原理、实验仪器与试剂、实验步骤、数据处理），实验方案经审核合格后方可进行实验。

【思考题】

1. 在重铬酸钾法测铁时，硫磷混酸所起的作用是什么？
2. 酸碱滴定法测定硫磷混酸时，理论上可以选择的常用酸碱指示剂有哪些？

【实验总结】

实验 14　氨水中的氨含量测定

【实验目的】

1. 掌握用返滴法测定 NH_3 的浓度。
2. 进一步熟悉移液管的使用。

【实验原理】

$NH_3 \cdot H_2O$ 是一种弱碱，其 $K_b^{\ominus} > 10^{-7}$，理论上可用强酸直接滴定，但由于 $NH_3 \cdot H_2O$ 易挥发，故普遍采用返滴法，即先取一定量过量的 HCl 标准溶液，再加入一定量的氨水，用 NaOH 标准溶液滴定与 $NH_3 \cdot H_2O$ 反应后剩余的 HCl。

$$NH_3 \cdot H_2O + HCl(过量) \Longequal NH_4Cl + H_2O$$
$$NaOH + HCl(剩余) \Longequal NaCl + H_2O$$

化学计量点时，溶液 pH 值约为 5.3，故选甲基红为指示剂。结果以 $\rho(NH_3)$ 来表示：

$$\rho(NH_3) = \frac{[c(HCl)V(HCl) - c(NaOH)V(NaOH)]M(NH_3)}{V(NH_3)}$$

【仪器及试剂】

移液管（25mL），酸式滴定管（50mL），碱式滴定管（50mL），锥形瓶（250mL）。

HCl 标准溶液，NaOH 标准溶液，甲基红指示剂（0.2%），氨水试样。

【实验步骤】

1. 从酸式滴定管中缓慢放出约 40.00mL（读数至 0.01mL）HCl 标准溶液于锥形瓶中，然后用移液管吸取 25.00mL 氨水试样，置于上述盛有 HCl 标准溶液的锥形瓶中。

2. 加入 2 滴甲基红指示剂，溶液呈红色（若呈黄色说明 HCl 量不足，需适量补加）。用 NaOH 标准溶液滴定至溶液刚由红色变为橙色，即为终点。

3. 记录所用 NaOH 标准溶液的体积，计算 $\rho(NH_3)$（$g \cdot L^{-1}$）。平行测定三次，平行滴定结果的相对极差不得大于 0.3%。

【思考题】

1. NH_3 的测定为什么需要用返滴定法？
2. 滴定时，为什么选用甲基红作为指示剂？

【实验数据】

项　　目	编　　号		
	1	2	3
$c(HCl)/mol \cdot L^{-1}$			

项　　目	编　号		
	1	2	3
$c(NaOH)/mol \cdot L^{-1}$			
$V(NH_3 \cdot H_2O)/mL$			
HCl 终读数			
HCl 初读数			
$V(HCl)/mL$			
NaOH 终读数			
NaOH 初读数			
$V(NaOH)/mL$			
$\rho(NH_3)/g \cdot L^{-1}$			
$\bar{\rho}(NH_3)/g \cdot L^{-1}$			
相对极差			

【实验总结】

实验 15　铵盐中氮含量的测定（甲醛法）

【实验目的】

1. 了解弱酸强化的基本原理。
2. 掌握甲醛法测定氨态氮的原理和方法。
3. 掌握置换滴定方式的操作技术和酸碱指示剂的选择原则。

【实验原理】

铵盐是一类常用的无机肥。由于 NH_4^+ 的酸性太弱（$K_a^\ominus = 5.6 \times 10^{-10}$），故无法用 NaOH 标准溶液直接准确滴定。将铵盐与甲醛作用，经弱酸强化，可定量生成六亚甲基四铵盐 $(CH_2)_6N_4H^+$（$K_a^\ominus = 7.1 \times 10^{-16}$）和 H^+：

$$4NH_4^+ + 6HCHO \Longrightarrow (CH_2)_6N_4H^+ + 3H^+ + 6H_2O$$

生成的 $(CH_2)_6N_4H^+$ 和 H^+ 可用 NaOH 标准溶液滴定。

$$(CH_2)_6N_4H^+ + 3H^+ + 4NaOH \Longrightarrow (CH_2)_6N_4 + 4H_2O + 4Na^+$$

化学计量点时，溶液呈弱碱性，可用酚酞作指示剂，溶液呈微红色（30s 不褪色）即为终点。

如果试样中含有游离酸，加甲醛之前应以甲基红为指示剂，用 NaOH 中和至黄色（pH≈6）。此外甲醛中往往含有微量酸（甲醛受空气氧化生成甲酸），故也应事先除去，以酚酞为指示剂，用 NaOH 溶液中和至微红色（pH≈8）。

甲醛法适用于强酸铵盐中氮的测定，虽然准确度较蒸馏法差，但其测定迅速，故在实际生产中应用较广。

【仪器及试剂】

电子天平（万分之一），碱式滴定管（50mL），锥形瓶（250mL），洗瓶，移液管（25mL），烧杯（100mL），量筒（10mL、100mL），容量瓶（250mL），玻璃棒。

氢氧化钠标准溶液（0.1mol·L^{-1}），甲醛溶液（1:1），酚酞指示剂（0.2%酚酞乙醇溶液），甲基红指示剂（0.2%甲基红溶液），$(NH_4)_2SO_4$ 肥料。

【实验步骤】

1. 甲醛溶液的处理

取原装甲醛（40%）的上层清液于 100mL 烧杯中，加水稀释一倍，滴加 2~3 滴酚酞指示剂，用 NaOH 溶液中和至甲醛溶液呈微红色。

2. 铵盐试液的准备

准确称取 1.5~2g $(NH_4)_2SO_4$ 肥料于 100mL 烧杯中，经溶解、转移后定容于 250mL 容量瓶中，摇匀待用。

3. 铵盐中氮含量的测定

用移液管移取 25mL $(NH_4)_2SO_4$ 试液于锥形瓶中，滴加 1~2 滴甲基红指示剂，用

NaOH 溶液中和至黄色（不计 NaOH 体积）。然后加入 10mL 预先中和过的甲醛溶液，加 2～3 滴酚酞指示剂，摇匀后静置 1min。最后用 NaOH 标准溶液滴定溶液呈微橙红色且 30s 不褪色，即为滴定终点。记录滴定所消耗的 NaOH 标准溶液的体积，平行测定 3 次。计算试样中氮的含量，测定结果的相对偏差不大于 0.3%。

【注意事项】

1. 加入甲醛的量要适当，否则会影响实验结果。
2. 滴定终点为甲基红的黄色和酚酞红色的混合色，呈微橙红色。滴定过程中的颜色和 pH 值变化：

颜色　红色→橙色→黄色→微橙红色（金黄色）→红色
pH　　<4.4　5.0　>6.2　　　8.7　　　　>10

【思考题】

1. 为什么中和甲醛中的甲酸用酚酞作指示剂，而中和试样中的游离酸使用甲基红作为指示剂？
2. 试样 NH_4NO_3、NH_4Cl 和 NH_4HCO_3 中的含氮量能否用甲醛法进行测定？

【实验总结】

实验 16　水中氨氮含量的测定

【实验目的】

1. 了解水中氨氮的检测方法。
2. 掌握水中氨氮测定的原理和方法。
3. 掌握凯氏定氮蒸馏装置的正确使用。

【实验设计背景知识】

在水质监测中，氨氮是反映水质的一项重要指标，测定水中的氮含量，有助于评价水体被污染和"自净"状况。水中氮化物共分四种：有机氮、氨氮、亚硝酸氮和硝酸氮，其来源主要为生活污水中含氮有机物，以及工农业废水中的铵盐。通过生物化学作用，它们可以相互转化。本实验只讨论氨氮的测定。氨氮以游离氨（NH_3）和铵盐（NH_4^+）形式存在于水中，两者的组成比取决于水的 pH 值。当 pH 值偏高时，游离氨的比例较高。反之，则铵盐的比例为高。

常用来测定水溶液氨氮的方法有水杨酸分光光度法、滴定法（即凯氏定氮法）。水杨酸分光光度法是一种测量饮用水、大部分原水和废水中铵的方法，其原理是：在亚硝基铁氰化钠作为催化剂下，铵、水杨酸和次氯酸盐反应生成蓝色化合物——靛酚蓝，在约 697nm 处用分光光度法加以测定。滴定法仅适用于已进行蒸馏预处理的水样，调节水样至 pH 值在 6.0～7.4，加入氧化镁使水样呈微碱性，加热蒸馏，释放出的氨用硼酸溶液吸收，以甲基蓝——亚甲基蓝为指示剂，用酸标准溶液滴定蒸馏出溶液中的氨。

【实验要求】

首先查阅相关文献，根据实验室现有条件，自拟实验研究方案（包括实验目的、实验原理、实验仪器与试剂、实验步骤、数据处理等），实验方案经审核合格后方可进行实验。

【注意事项】

1. 水中氨氮的测定方法主要分为分光光度法和滴定法，滴定法仅适用于已预处理的水样中较高含量氨氮的测定。
2. 分光光度法具有操作简便、快捷的特点，但水样中的钙、镁和铁等金属离子以及水的浑浊会影响测定的准确度，故往往需要对水样进行预处理。

【思考题】

1. 蒸馏出的 NH_3 除了可被 H_3BO_3 吸收，还可用哪一种溶液吸收？
2. 空白实验是否可以省去不做？

【实验总结】

实验 17　碱面中碱含量测定

【实验目的】

1. 巩固滴定、溶液转移和配制标准溶液等基本操作。
2. 掌握指示剂的选择和终点颜色的变化。

【实验原理】

碱面的主要成分是碳酸钠（Na_2CO_3），商品名为苏打，内含有杂质 $NaCl$、Na_2SO_4、$NaHCO_3$ 等。CO_3^{2-} 的 $K_{b1}^{\ominus}=1.8\times10^{-4}$、$K_{b2}^{\ominus}=2.4\times10^{-8}$，可通过盐酸滴定总碱度的方法来衡量产品的质量。利用 HCl 标准溶液滴定总碱量的反应为：

$$CO_3^{2-}+2H^+===H_2CO_3$$

所生成的碳酸易饱和而生成二氧化碳逸出，其饱和水溶液的 pH 为 3.9，因此可利用甲基橙作指示剂至由黄色到橙色为终点。在这个过程中 $NaHCO_3$ 也被中和。也可以选用甲基橙-靛蓝二磺酸钠混合指示剂，终点时溶液由绿色变为灰色。

$$w(Na_2CO_3)=\frac{\frac{1}{2}V(HCl)c(HCl)M(Na_2CO_3)}{m_s}\times100\%$$

如果需要分别测量碱面中 $NaHCO_3$ 和 Na_2CO_3 的含量，可利用双指示剂法进行滴定。测定时，先加入酚酞指示剂用盐酸滴定至溶液变为无色（pH 8.3），读出消耗 HCl 的量，此时 CO_3^{2-} 转化为 HCO_3^-，为第一滴定终点；在同一溶液中加入甲基橙继续滴定至溶液变为橙色，此时 HCO_3^- 变为碳酸，为第二终点。消耗 HCl 的总量对应总碱量。根据两终点可分别计算碱面中 $NaHCO_3$ 和 Na_2CO_3 的含量。

【仪器及试剂】

电子天平（万分之一），移液管（25mL），容量瓶（250mL），酸式滴定管（50mL），锥形瓶（250mL），烧杯（100mL）。

碱面（市售），甲基橙-靛蓝二磺酸钠混合指示剂，酚酞指示剂（0.2%），甲基橙指示剂（0.2%），HCl 标准溶液。

【实验步骤】

1. 碱面中总碱量的测定

① 用电子天平准确称取质量分数约为 95% 的一定量（自行计算）碱面，用约 40mL 蒸馏水溶解后转移至 250mL 容量瓶中，定容。

② 准确移取 25.00mL 待测溶液到 250mL 锥形瓶中，加 6 滴甲基橙-靛蓝二磺酸钠指示剂（或 1~2 滴甲基橙指示剂），用盐酸标准溶液滴定至由绿色变为灰色（或由黄色到橙色），注意临近终点要充分振荡锥形瓶，以免二氧化碳过饱和，记下消耗盐酸的体积。

③ 平行测定三次，计算总碱量 $w(Na_2CO_3)$。结果相对极差不大于 0.3%。

2. 碱面中 $NaHCO_3$ 和 Na_2CO_3 的含量的测定

① 准确移取 25.00mL 待测溶液到 250mL 锥形瓶，加 1～2 滴酚酞指示剂，用盐酸滴定至溶液红色恰好消失，记录消耗盐酸的体积 V_1。

② 加入 1～2 滴甲基橙指示剂，用盐酸滴定至由黄色到橙色，记下消耗盐酸的体积 V_2。

③ 平行测定三次，计算试样中 $w(Na_2CO_3)$ 和 $w(NaHCO_3)$。结果相对极差不大于 0.3%。

【注意事项】

临近终点时滴定操作要注意，滴入酸后要充分振荡锥形瓶使其反应充分，并及时赶走生成的二氧化碳，使终点判断准确。

【思考题】

1. 如果待测样品由于长时间放置而吸水，对测量结果有何影响？

2. 如果待测样品中是 NaOH 和 Na_2CO_3，该如何设计实验进行测定？

【实验数据】

项　目	编　号		
	1	2	3
m_s/g			
$c(HCl)/mol·L^{-1}$			
HCl 终读数			
HCl 初读数			
$V(HCl)/mL$			
$\bar{V}(HCl)/mL$			
总碱量 $w(Na_2CO_3)$			
相对极差			

【实验总结】

实验 18 工业混合碱的组成及各组分含量的测定

【实验目的】

1. 掌握混合碱分析、测定的原理和方法。
2. 掌握在同一份溶液中用双指示剂法测定混合碱中各组分含量的操作技术。

【实验原理】

工业混合碱通常是 Na_2CO_3 与 $NaOH$ 或 Na_2CO_3 与 $NaHCO_3$ 的混合物。测定同一份混合碱样品中各组分的含量,可用盐酸标准溶液进行滴定,根据滴定过程中 pH 值的变化情况,选用两种不同的指示剂分别指示第一化学计量点和第二化学计量点,称为"双指示剂法"。这种测定方法简便、快速,在生产实际中应用广泛。

首先,在混合碱试液中以酚酞为指示剂,用 HCl 标准溶液滴定至溶液呈无色,到达第一个化学计量点,反应产物为 $NaHCO_3$ 和 $NaCl$,溶液的 pH 值约为 8.3,滴定所消耗的 HCl 标准溶液的体积记为 V_1。

随后,在上述溶液中加入甲基橙指示剂,继续用 HCl 标准溶液滴定至溶液变为橙红色,到达第二个化学计量点,产物为 $NaCl$ 和 H_2CO_3($CO_2 + H_2O$),此时溶液的 pH 值约为 3.9。所消耗 HCl 标准溶液的体积记 V_2。

根据 V_1 和 V_2 可以判断出混合碱的组成,计算其中各组分的含量以及总碱度。

(1) 当 $V_1 > V_2$ 时,试液为 $NaOH$ 与 Na_2CO_3 的混合物,由下式分别计算二者的含量。

$$w(NaOH) = \frac{c(HCl)(V_1 - V_2)M(NaOH)}{m_s \times 1000} \times 100\%$$

$$w(Na_2CO_3) = \frac{c(HCl)V_2M(Na_2CO_3)}{m_s \times 1000} \times 100\%$$

式中,m_s 为混合碱试样的质量,g,下同。

(2) 当 $V_1 < V_2$ 时,试液为 Na_2CO_3 和 $NaHCO_3$ 的混合物,其含量分别由下式进行计算:

$$w(Na_2CO_3) = \frac{c(HCl)V_1M(Na_2CO_3)}{m_s \times 1000} \times 100\%$$

$$w(NaHCO_3) = \frac{c(HCl)(V_2 - V_1)M(NaHCO_3)}{m_s \times 1000} \times 100\%$$

【仪器及试剂】

分析天平(万分之一),酸式滴定管(50mL),移液管(25mL),锥形瓶(250mL),烧杯(100mL),容量瓶(250mL)。

工业混合碱试样,盐酸标准溶液(0.1mol·L^{-1},配制和标定参照实验 4 进行),甲基橙水溶液(0.1%);酚酞乙醇溶液(0.2%),也可使用甲酚红-百里酚蓝混合指示剂(0.1%甲酚红钠水溶液和 0.1%百里酚蓝钠盐水溶液按照 1:3 混合)。

【实验步骤】

1. 称取（准确至 0.1mg）一定量的工业混合碱试样于 100mL 烧杯中，加入少量去离子水溶解（必要时可加热促进溶解，随后冷却至室温），将其定量转移至 250mL 容量瓶中，加水稀释，定容，充分摇匀。

2. 准确移取 25mL 以上配制的混合碱试液于 250mL 锥形瓶中，加 1～2 滴酚酞指示剂（或者甲酚红-百里酚蓝混合指示剂），摇匀，用 HCl 标准溶液滴定至红色刚刚消失（混合指示剂紫色变为粉红色），即到达第一终点，记下所消耗 HCl 标准溶液的体积 V_1(mL)。

3. 向上述溶液中加入 1～2 滴甲基橙指示剂，继续用 HCl 标准溶液滴定至溶液由黄色变为橙红色，即为第二终点，记下所消耗 HCl 标准溶液的体积 V_2(mL)。

4. 平行测定三份试样，根据 V_1、V_2 的大小判断混合物的组成，计算各组分的含量。各组分测定结果的相对偏差不大于 0.3%。

【思考题】

1. 食用碱的主要成分是 Na_2CO_3，常常含有少量 $NaHCO_3$，能否以酚酞作指示剂测定 Na_2CO_3 的含量？

2. 用盐酸标准溶液滴定混合碱时，有几个化学计量点？溶液所对应的 pH 值各是多少？可选用哪些酸碱指示剂指示终点？

【附注】

1. 为了防止终点提前，必须尽可能驱除 CO_2。

2. 接近终点时要剧烈振荡溶液，或者加热使得 H_2CO_3 分解为 CO_2 逸出。

【实验总结】

实验 19 食品、药品中硼砂含量的测定（酸碱滴定法）

【实验目的】

1. 了解酸碱滴定法测定硼砂含量的原理及其应用。
2. 进一步掌握酸式滴定管的操作和甲基红指示剂滴定终点的判断。
3. 熟练掌握差减法称量操作。

【实验设计背景知识】

硼砂（Borax）是四硼酸的钠盐，通常为含有无色晶体的白色粉末，其分子式一般写作 $Na_2B_4O_7 \cdot 10H_2O$。

硼砂的用途非常广泛，在工业上主要用于玻璃和搪瓷行业。硼砂是制取含硼化合物的基本原料，几乎所有的含硼化物都可经硼砂来制得。在医学上，硼砂是传统的无机药物之一，历版《中华人民共和国药典》都有记载。硼砂主要用于皮肤黏膜的消毒防腐，还可应用于足癣、牙髓炎、宫颈糜烂、痤疮、疱疹病毒性皮肤病、癫痫等的治疗。因此，对药用硼砂含量进行测定，以对其质量进行评价十分必要。

硼砂有较高毒性，是世界各国普遍禁用的食品防腐剂。我国也明令禁止硼砂作为食品添加剂使用。按照我国食品制作习惯，在包粽子泡糯米时或炸油条时加一点硼砂，可以增加食品的韧性、脆度，或延长保存期限等，造成对消对费者健康的损害。因此，测定添加于食品中的硼砂，具有非常重要的意义。

【实验要求】

本实验采用酸碱滴定法对硼砂的含量进行测定。试样可以选择药用硼砂或某些可能含有硼砂添加剂的食品。

查阅相关文献资料（包括一些国家的药典），根据硼砂的性质，结合实验室现有条件，自拟两种实验方案对所选试样中硼砂的含量进行测定。方案应包括实验目的、实验原理、仪器与试剂、具体实验步骤、数据记录及处理等。最后，对两种方案的优缺点、准确性等进行比较与分析。

实验方案经教师审核后方可开展实验。

【思考题】

1. 本实验中可否使用甲基橙作为指示剂？
2. 如果采用甲基红-溴甲酚绿混合指示剂，滴定终点颜色有何不同？
3. 若硼砂样品部分风化，测定结果偏高还是偏低？为什么？
4. 硼砂是强碱弱酸盐，可用盐酸标准溶液直接滴定，醋酸钠也是强碱弱酸盐，能否用盐酸标准溶液直接滴定？

4.3 配位滴定

实验 20 水的总硬度测定

【实验目的】

1. 掌握配位滴定终点的判断、基本原理和方法。
2. 了解缓冲溶液的应用。

【实验原理】

测定自来水的总硬度就是测定水中 Ca^{2+}、Mg^{2+} 的总含量，一般采用配位滴定法，最常用的配位剂是 EDTA。用 EDTA 标准溶液滴定水中 Ca^{2+}、Mg^{2+} 的总量，然后换算为相应的硬度单位。

测定水的硬度时，EDTA 与 Ca^{2+}、Mg^{2+} 的反应为：

$$Ca^{2+} + H_2Y^{2-} \Longrightarrow CaY^{2-} + 2H^+$$
$$Mg^{2+} + H_2Y^{2-} \Longrightarrow MgY^{2-} + 2H^+$$

用 EDTA 滴定 Ca^{2+}、Mg^{2+} 总量时，一般是在 pH=10 的氨性缓冲溶液中进行，用铬黑 T（EBT）作指示剂。化学计量点前，Ca^{2+}、Mg^{2+} 和 EBT 生成酒红色配合物，当用 EDTA 溶液滴定至化学计量点时，EDTA 会将 Ca^{2+}、Mg^{2+} 从指示剂配离子中夺取出来，置换出 EBT，使溶液呈现纯蓝色。

滴定时，Fe^{3+}、Al^{3+} 等干扰离子，用三乙醇胺掩蔽；Cu^{2+}、Pb^{2+}、Zn^{2+} 等重金属离子，则可用 KCN、Na_2S 或巯基乙酸等掩蔽。

我国生活饮用水规定，总硬度以 $CaCO_3$ 计，不得超过 $450mg \cdot L^{-1}$。本实验以 $CaCO_3$ 的质量浓度（$mg \cdot L^{-1}$）表示水的总硬度。

$$\rho(CaCO_3) = \frac{c(EDTA)V(EDTA)M(CaCO_3)}{V(H_2O)} \times 1000$$

【仪器及试剂】

酸式滴定管（50mL），移液管（50mL），锥形瓶（250mL），容量瓶（250mL）。

pH=10 的 NH_3-NH_4Cl 缓冲溶液，固体铬黑 T 指示剂，EDTA 标准溶液（$0.01mol \cdot L^{-1}$），三乙醇胺（A.R.），水样。

【实验步骤】

1. 移取 50mL 水样至锥形瓶中，加入三乙醇胺 3mL、氨性缓冲溶液 5mL、适量铬黑 T 指示剂，充分摇动使铬黑 T 完全溶解，此时溶液呈紫红色。
2. 立即用 EDTA 标准溶液滴至溶液由红色变为纯蓝色即为终点，近终点时溶液呈紫红色后，一定要逐滴加入，每加一滴，都要用力摇动。

3. 平行测定三份，所用 EDTA 体积差不得超过 $0.05mL$。计算水的总硬度，以 $CaCO_3$（$mg \cdot L^{-1}$）表示。

注意：如果水样中 HCO_3^- 含量较高，加入缓冲溶液后会出现 $CaCO_3$ 沉淀，使测定无法进行。可事先加入 2 滴 1∶1 HCl，煮沸，除去 CO_2，冷却后再进行滴定。

如果水中含 Al^{3+}、Fe^{3+} 等，对指示剂有封闭作用，则应加入三乙醇胺等掩蔽剂。

【思考题】

1. 水的总硬度的表示方法有哪些？
2. 使用金属指示剂时应注意哪些事项？
3. 滴定实验可以不在缓冲溶液中进行吗？为什么？

【实验数据】

项　　目	编　号		
	1	2	3
EDTA 质量/g			
$c(EDTA)/mol \cdot L^{-1}$			
V(水样)/mL			
EDTA 终读数			
EDTA 初读数			
$V(EDTA)/mL$			
R/mL			
$\overline{V}(EDTA)/mL$			
$\rho(CaCO_3)/mg \cdot L^{-1}$			

【实验总结】

实验 21　石灰石中钙含量的测定

【实验目的】

1. 掌握酸溶法的溶样方法。
2. 掌握配位滴定法测定石灰石中钙含量的方法和原理。

【实验原理】

石灰石的主要成分为 $CaCO_3$，同时还含有一定量的 $MgCO_3$、SiO_2 及铁、铝等杂质。试样的分解可采用碱熔融的方法，制成溶液，分离除去 SiO_2 和 Fe^{3+}、Al^{3+} 等杂质，然后测定钙和镁，但这样操作复杂。若试样中含酸不溶物较少，通常用酸溶解试样，采用配位滴定法测定钙、镁含量，简便快速。试样经酸溶解后，Ca^{2+}、Mg^{2+}、Fe^{3+}、Al^{3+} 等共存于溶液中，可用酒石酸钾钠或三乙醇胺掩蔽 Fe^{3+}、Al^{3+} 等干扰离子，调节溶液的酸度至 pH $\geqslant$12，使 Mg^{2+} 生成氢氧化物沉淀，以钙指示剂指示终点，用 EDTA 标准溶液滴定，即得到钙的含量。

【仪器及试剂】

电子天平（万分之一），移液管（25mL），量筒（50mL），容量瓶（250mL），烧杯（250mL），酸式滴定管（50mL），锥形瓶（250mL），表面皿。

石灰石试样，EDTA 标准溶液（0.01mol·L^{-1}），NaOH（20%），HCl（6mol·L^{-1}），三乙醇胺水溶液（1:2），钙指示剂。

【实验步骤】

1. 0.01mol·L^{-1}EDTA 标准溶液的配制和标定（详见实验 7）。
2. 样品的制备

准确称取石灰石试样 0.25~0.30g（精确至 0.0001g），加少量水湿润，放入 250mL 烧杯中，徐徐加入 7~8mL 6mol·L^{-1} HCl 溶液，盖上表面皿，用小火加热至试样全部溶解，待作用停止后冷却，移开表面皿，并用蒸馏水洗表面皿，转移到 250mL 容量瓶中，加水稀释至刻度，摇匀，待用。

3. 钙含量的测定

准确移取试液 25.00mL 于 250mL 锥形瓶中，加 20mL 水、5mL 三乙醇胺溶液，摇匀。加 10mL NaOH 溶液（pH$\geqslant$12），摇匀。放入钙指示剂少许（约 10mg），用 EDTA 标准溶液滴定至溶液由红色恰变蓝色，记录所用 EDTA 溶液的体积。按滴定耗用 EDTA 溶液的体积计算试样中氧化钙的质量分数。做三次平行实验，相对极差应低于 0.3%。

【思考题】

1. 怎样分解石灰石试样？用酸溶解时，怎样知道试样溶解已经完全？
2. 本法测定钙含量时，试样中存在的镁有干扰吗？用什么方法可以测定镁的含量？

【实验总结】

实验 22　比较牛奶和豆浆中钙的含量（配位滴定法）

【实验目的】

1. 学习设计实验方案，测定牛奶和豆浆中的钙含量。
2. 进一步熟悉配位滴定操作。
3. 学习对分析结果进行讨论，得出实验结论。

【实验设计背景知识】

牛奶是西方国家的传统饮食材料，而豆浆更为我国人民所熟悉和接受，两者蛋白质含量都很高，而钙的含量却差异很大。食物中的钙是青少年生长发育所需要的重要元素，通过实验测定可以让我们认识到牛奶和豆浆的区别，了解化学知识可以带给我们对生活更深刻的理解。

【实验要求】

首先查阅相关文献，根据实验室现有条件，自拟实验研究方案（包括实验目的、实验原理、实验仪器与试剂、实验步骤、数据处理等），实验方案经审核合格后方可进行实验。

【思考题】

1. 除了钙离子含量不同，牛奶和豆浆的区别还有哪些？
2. 除了用配位滴定法可以测量钙离子之外，还有哪些分析方法可以测定牛奶和豆浆中的钙含量？

【实验总结】

实验 23　溶液中铅、铋含量的连续滴定

【实验目的】

1. 掌握通过控制酸度进行混合液中金属离子连续滴定的条件选择。
2. 掌握铅、铋混合溶液中连续测定的分析方法。

【实验原理】

EDTA 可以与溶液中的 Pb^{2+} 和 Bi^{3+} 分别形成稳定的 1：1 配合物 [$lgK_f^{\ominus}$（PbY）= 18.04，$lgK_f^{\ominus}$（BiY）=27.94]。两者的 $lgK_f^{\ominus}$ 相差较大，可以利用酸效应，通过控制不同的酸度实现分量的测定。

$$Bi^{3+}+H_2Y^{2-} =\!=\!= BiY^-+2H^+$$
$$Pb^{2+}+H_2Y^{2-} =\!=\!= PbY^{2-}+2H^+$$

在 Bi^{3+}-Pb^{2+} 混合溶液中，调节溶液 pH≈1，二甲酚橙为指示剂，此时 Bi^{3+} 与指示剂会形成紫红色配合物（此时 Pb^{2+} 不与二甲酚橙形成有色配合物），可以滴定 Bi^{3+} 至溶液由紫红色恰好变为黄色，即为滴定 Bi^{3+} 的终点。在溶液中，加入六亚甲基四胺溶液，调节溶液 pH=5~6，此时 Pb^{2+} 与二甲酚橙形成紫红色配合物，继续滴定至溶液由紫红色恰好变为黄色，即为滴定 Pb^{2+} 的终点。

$$c(Bi^{3+})=\frac{c(EDTA)V_1(EDTA)}{V(试液)}$$

$$c(Pb^{2+})=\frac{c(EDTA)V_2(EDTA)-c(EDTA)V_1(EDTA)}{V(试液)}$$

【仪器及试剂】

酸式滴定管（50mL），移液管（25mL），量筒（10mL），锥形瓶（250mL）。

Bi^{3+}-Pb^{2+} 混合溶液（含 Bi^{3+}、Pb^{2+} 各约 0.01mol·L^{-1}，pH≈1），EDTA 标准溶液（0.01mol·L^{-1}），二甲酚橙指示剂（0.2%），六亚甲基四胺溶液（20%）。

【实验步骤】

1. 0.01mol·L^{-1} EDTA 标准溶液的配制（见实验 7）。
2. Bi^{3+}-Pb^{2+} 混合溶液的测定

（1）用移液管准确移取 25.00mL Bi^{3+}-Pb^{2+} 混合试液于 250mL 锥形瓶中，加入 3 滴二甲酚橙指示剂，用 EDTA 标准溶液滴定（先摇匀）至溶液由紫红色恰变为黄色，即为 Bi^{3+} 的终点。记录体积 V_1。

（2）在溶液中，加入 10mL 20%六亚甲基四胺溶液，溶液呈紫红色（此时溶液的 pH 值约为多少？），继续用 EDTA 标准溶液滴定至溶液由紫红色恰变为黄色，即为滴定 Pb^{2+} 的终点。记录体积 V_2。

（3）平行测定三份，三份滴定所消耗的 EDTA 的体积极差不大于 0.05mL。分别计算试

液中 Bi^{3+}、Pb^{2+} 的浓度。

【注意事项】

Pb^{2+}、Bi^{3+} 与 EDTA 反应的速率较慢，滴定时速度不宜太快，且要激烈振荡。

【思考题】

1. 为什么用六亚甲基四胺调节溶液酸度，而不用 NaOH、NaAc 或 $NH_3 \cdot H_2O$？
2. 能否在同一份试液中先在 pH=5～6 的溶液中测定 Pb^{2+} 和 Bi^{3+} 的含量，而后再调节 pH≈1 时测定 Bi^{3+} 的含量？
3. 描述滴定 Pb^{2+}、Bi^{3+} 过程中，锥形瓶中溶液颜色变化的情形及原因。

【实验数据】

项　　目	编　　号		
	1	2	3
$c(\text{EDTA})/\text{mol} \cdot \text{L}^{-1}$			
$V(试样)/\text{mL}$			
$V(\text{EDTA})$终读数			
$V(\text{EDTA})$初读数			
$V_1(\text{EDTA})/\text{mL}$			
$\overline{V}_1(\text{EDTA})/\text{mL}$			
R_1/mL			
$V(\text{EDTA})$终读数			
$V_2(\text{EDTA})/\text{mL}$			
$\overline{V}_2(\text{EDTA})/\text{mL}$			
R_2/mL			
$\overline{c}(Bi^{3+})/\text{mol} \cdot \text{L}^{-1}$			
$\overline{c}(Pb^{2+})/\text{mol} \cdot \text{L}^{-1}$			

【实验总结】

实验 24　铅铋合金中铅铋含量的测定

【实验目的】

1. 掌握铅、铋合金样品的分解方法。
2. 掌握通过控制酸度进行溶液中混合金属离子连续滴定的条件选择。

【实验原理】

铅铋合金主要是由熔点较低的铅和铋组成的，铅铋含量不同可用于调节合金的熔点。铅铋合金又称为低温合金，或者低熔点合金，可用于做保险丝及低熔点焊接材料。而铅铋合金作为固体样品，需经过样品前处理为合适的液体试样后方能进行测定，常用的样品分解方法为硝酸溶解。

$$3Pb + 8HNO_3 =\!=\!= 3Pb(NO_3)_2 + 2NO\uparrow + 4H_2O$$

$$Bi + 4HNO_3 =\!=\!= Bi(NO_3)_3 + NO\uparrow + 2H_2O$$

相关测定原理部分参见实验 23。利用下式计算试样中铅、铋的含量。

$$w(Bi) = \frac{4c(EDTA) \cdot V_1(EDTA) \cdot M(Bi)}{m_s}$$

$$w(Pb) = \frac{4c(EDTA) \cdot [V_2(EDTA) - V_1(EDTA)] \cdot M(Pb)}{m_s}$$

【仪器及试剂】

电子天平（万分之一），酸式滴定管（50mL），烧杯（100mL），容量瓶（100mL），移液管（25mL），量筒（10mL），锥形瓶（250mL），表面皿。

铅铋合金，HNO_3 溶液（1∶2），稀硝酸溶液（$0.05mol \cdot L^{-1}$），EDTA 标准溶液（$0.01mol \cdot L^{-1}$），二甲酚橙指示剂（0.2%），六亚甲基四胺溶液（20%）。

【实验步骤】

1. $0.01mol \cdot L^{-1}$ EDTA 标准溶液的配制（见实验 7）。

2. 铅铋合金的测定

（1）准确称取铅铋合金试样 0.5～0.6g，将其放入 100mL 烧杯中。往烧杯中加入 HNO_3 溶液（1∶2）6～7mL，盖上表面皿后在电炉上用小火加热，溶解样品至完全后停止加热（注意避免样品沸腾）。

（2）用 $0.05mol \cdot L^{-1}$ 的 HNO_3 溶液淋洗烧杯壁及表面皿，待样品冷却后将其转移至 100mL 容量瓶中，用 $0.05mol \cdot L^{-1}$ 的 HNO_3 溶液定容后备用。

（3）用移液管准确移取 25.00mL 试液至 250mL 锥形瓶中，加入 3 滴二甲酚橙指示剂，用 EDTA 标准溶液滴定至溶液由紫红色恰变为黄色，即为 Bi^{3+} 的终点。记录体积 V_1。

（4）在溶液中，加入 10mL 20% 六亚甲基四胺溶液，溶液呈紫红色，继续用 EDTA 标准溶液滴定至溶液由紫红色恰变为黄色，即为滴定 Pb^{2+} 的终点。记录体积 V_2。

（5）平行测定三份，三份滴定所消耗的 EDTA 的体积差不大于 0.05mL。分别计算合金中铅、铋的含量。

【思考题】

1. 为什么采用 1+2 的硝酸来溶解铅铋合金？

2. 合金溶解后，在淋洗烧杯及表面皿时使用稀硝酸，在转移和定容过程中也使用稀硝酸，为何不使用水？

3. 合金溶解时若溶液沸腾，会造成什么不良后果？

【实验数据】

项　目	编　号		
	1	2	3
$c(\text{EDTA})/\text{mol·L}^{-1}$			
m（铅铋合金）			
V（样）$/\text{mL}$			
EDTA 终读数			
EDTA 初读数			
$V_1(\text{EDTA})/\text{mL}$			
R/mL			
$\overline{V}_1(\text{EDTA})/\text{mL}$			
EDTA 终读数			
$V_2(\text{EDTA})/\text{mL}$			
R/mL			
$\overline{V}_2(\text{EDTA})/\text{mL}$			
$w(\text{Bi})$			
$w(\text{Pb})$			

【实验总结】

实验 25　食品中镉含量的测定（配位滴定法）

【实验目的】

1. 了解食品中铅、铜、汞、镉、铬、砷等金属元素的污染现状。
2. 学会选择测定方法，设计实验方案测定食品中的镉含量。
3. 通过对分析结果进行讨论，探讨不同实验方案间实验结果的差异。

【实验设计背景知识】

铅、铜、汞、镉、铬、砷类无机污染物存在于环境中，是常见的污染土壤、水和食品的金属元素。镉是常见的污染食品和饮料的有害金属元素，国际癌症研究机构、联合国环境规划署和 WHO 先后把镉确定为致癌物及食品、环境污染物。镉属于蓄积性毒物，主要积累在肝、肾和骨骼中。人们长期饮用或食用含镉过高的地下水或食品，会对健康产生不利的影响。因此，食品中镉的检测引起广泛重视。目前，食品中镉的检测方法有各种仪器分析方法，也有滴定分析方法。

【实验要求】

首先查阅相关文献，根据实验室现有条件，自拟实验研究方案（包括实验目的、实验原理、实验仪器与试剂、实验步骤、数据处理等），实验方案经审核合格后方可进行实验。

【思考题】

1. 环境污染物是怎么分类的？镉的污染属于哪一类？
2. 采用滴定分析方法检测食品中的镉具有哪些优点？可能有哪些缺点？

【实验总结】

4.4　氧化还原滴定

实验 26　双氧水中 H_2O_2 含量的测定（高锰酸钾法）

【实验目的】

掌握高锰酸钾法测定双氧水中 H_2O_2 含量的原理及方法。

【实验原理】

双氧水是医药卫生行业广泛使用的消毒剂，主要成分为 H_2O_2。H_2O_2 在酸性溶液中是较强的氧化剂，但遇 $KMnO_4$ 时表现为还原性，很容易被 $KMnO_4$ 氧化，反应式如下：

$$2MnO_4^- + 5H_2O_2 + 6H^+ \rule[0.5ex]{1.2cm}{0.4pt} 2Mn^{2+} + 8H_2O + 5O_2 \uparrow$$

（紫红）　　　　　　　　　　　　（肉色）

开始时，反应很慢，待溶液中生成了 Mn^{2+}，反应速率加快（自催化反应），故能顺利地定量完成反应。稍过量的滴定剂（$2 \times 10^{-6} \, mol \cdot L^{-1}$）即显示它本身颜色（自身指示剂），为滴定终点。

$$\rho(H_2O_2) = \frac{5c(KMnO_4)V(KMnO_4)M(H_2O_2)}{2V(H_2O_2)}$$

【仪器及试剂】

酸式滴定管（50mL），锥形瓶（250mL），移液管（25mL），量筒（10mL）。

H_2SO_4（$3mol \cdot L^{-1}$），$KMnO_4$ 标准溶液，H_2O_2 样品。

【实验步骤】

1. 用移液管移取待测溶液 25.00mL 于 250mL 锥形瓶中，加 10mL $3mol \cdot L^{-1}$ H_2SO_4，用 $KMnO_4$ 标准溶液滴定至溶液呈粉红色，30s 内不消褪，即达终点（注意开始时滴定速度要慢，待第一滴 $KMnO_4$ 完全褪色后，再滴第二滴，随着反应速率加快，可逐渐增加滴定速度）。

2. 平行测定三次，相对偏差不大于 0.3%，计算 H_2O_2 的质量浓度 $\rho(H_2O_2)$（$g \cdot L^{-1}$）。

【思考题】

1. 用 $KMnO_4$ 法测定 H_2O_2 溶液时，能否用 HNO_3、HCl 和 HAc 控制酸度？为什么？

2. 测定 H_2O_2 能加热吗？为什么？

【实验数据】

项　目	编　号		
	1	2	3
$c(\mathrm{KMnO_4})/\mathrm{mol \cdot L^{-1}}$			
$V(\mathrm{H_2O_2})/\mathrm{mL}$			
$\mathrm{KMnO_4}$ 终读数			
$\mathrm{KMnO_4}$ 初读数			
$V(\mathrm{KMnO_4})/\mathrm{mL}$			
$\overline{V}(\mathrm{KMnO_4})/\mathrm{mL}$			
$\rho(\mathrm{H_2O_2})/\mathrm{g \cdot L^{-1}}$			
相对偏差			

【实验总结】

实验 27　水中化学耗氧量（COD）的测定（高锰酸钾法）

【实验目的】

掌握用高锰酸钾法测定水中化学耗氧量（COD）的原理和方法。

【实验原理】

化学耗氧量（COD）是环境水质标准及废水排放标准的控制项目之一，是度量水体受还原性物质（主要为有机物）污染程度的综合性指标。它是指在一定条件下，水体中还原性物质所消耗的氧化剂的量，换算成氧的量表示 $\rho(O_2)(mg \cdot L^{-1})$。

水样加入硫酸使呈酸性后，加入一定量的高锰酸钾溶液，并在沸水浴中加热反应一定的时间，使水中有机物充分被 $KMnO_4$ 氧化。剩余的高锰酸钾加入过量的草酸溶液还原，再用高锰酸钾溶液回滴过量的草酸。反应式为：

$$4KMnO_4 + 6H_2SO_4 + 5C \Longrightarrow 2K_2SO_4 + 4MnSO_4 + 5CO_2 \uparrow + 6H_2O$$

$$2MnO_4^- + 5C_2O_4^{2-} + 16H^+ \Longrightarrow 2Mn^{2+} + 8H_2O + 10CO_2 \uparrow$$

滴定至溶液显粉红色，30s 内不褪色即为终点。根据 $KMnO_4$ 标准溶液的总消耗量计算出水中耗氧量 $\rho(O_2)$（$mg \cdot L^{-1}$）。

$$\rho(O_2) = \frac{5c(KMnO_4)(V_1 - V_2)M(O_2)}{4V(水样)}$$

式中，V(水样)为水样体积；V_1 为水样滴定时消耗高锰酸钾溶液总体积；V_2 为空白试验消耗高锰酸钾溶液总体积；$M(O_2)$ 为 O_2 的摩尔质量；$c(KMnO_4)$ 为高锰酸钾溶液浓度。

若水样中含有的 Cl^- 大于 $300mg \cdot L^{-1}$，会影响测定结果，可稀释降低 Cl^- 浓度以消除干扰。如仍不能消除干扰，则加入 $1g$ Ag_2SO_4，可消除 $200mg$ Cl^- 的干扰。同时，应取同样量的蒸馏水，测空白值。

【仪器及试剂】

锥形瓶（250mL），酸式滴定管（50mL），移液管（25mL、50mL），容量瓶（100mL、250mL），量筒（5mL、10mL）。

H_2SO_4 溶液（$3mol \cdot L^{-1}$），$KMnO_4$（$0.02mol \cdot L^{-1}$），$H_2C_2O_4$（$0.005mol \cdot L^{-1}$），沸石。

【实验步骤】

1. $0.002mol \cdot L^{-1}$ $KMnO_4$ 标准溶液的配制与标定

准确移取 25.00mL $0.02mol \cdot L^{-1}$ 高锰酸钾标准溶液（见实验 8）至 250mL 容量瓶中，用去离子水定容。

2. COD 的测定

（1）准确移取 50mL 水样于 250mL 锥形瓶中，加入 5mL $3mol \cdot L^{-1}$ H_2SO_4，摇匀。

（2）读取 $KMnO_4$ 溶液的液面读数后，由滴定管放入 10.00mL 0.002mol·L^{-1} $KMnO_4$ 标准溶液于锥形瓶中，摇匀，再放入少许沸石，立即放在电炉上加热至沸，从冒第一个大气泡开始计时，准确煮沸 5min。

（3）取下锥形瓶，冷却 1min 后，加入 10.00mL 0.005mol·L^{-1} 草酸标准溶液，摇匀，此时溶液由红色转为无色，立即用 0.002mol·L^{-1} $KMnO_4$ 溶液滴定至粉红色且 30s 内不褪色为止，记录此时 $KMnO_4$ 溶液的液面读数，算出 $KMnO_4$ 溶液消耗体积 V_1。

（4）另取 50mL 去离子水代替水样，重复上述操作，求出空白值 V_2，计算出 COD 值。

平行测定三次，相对偏差不大于 0.3%。

【注意事项】

1. 在水浴加热完毕后，溶液仍应保持淡红色，如全部褪去，说明高锰酸钾的用量不够。此时，应将水样稀释倍数加大后再测定。

2. 经验证明，控制加热时间很重要，煮沸 5min，要从冒第一个大气泡开始计时，否则精密度差。

【思考题】

1. 测定水中化学耗氧量的意义何在？
2. 水样中氯离子含量高时，为什么对测定有干扰？应采用什么方法加以消除？

【实验数据】

项　目	编　号		
	1	2	3
$c(KMnO_4)$/mol·L^{-1}			
V(水样)/mL			
水样测定中 $KMnO_4$ 终读数			
水样测定中 $KMnO_4$ 初读数			
V_1/mL			
$V(H_2O)$/mL			
空白实验 $KMnO_4$ 终读数			
空白实验 $KMnO_4$ 初读数			
V_2/mL			
$\rho(O_2)$/mg·L^{-1}			
$\bar{\rho}(O_2)$/mg·L^{-1}			
相对偏差			

【实验总结】

实验 28　氧化还原滴定法测定茶叶中茶多酚的含量

【实验目的】

1. 掌握氧化还原滴定在茶叶中茶多酚含量测定中的应用。
2. 学会根据溶液颜色变化确定合适的滴定顺序。
3. 学会确定溶液 pH 值，选择合适的指示剂。
4. 比较不同分析方法的结果，讨论不同实验方案间的结果差异。

【实验原理】

茶多酚是从绿茶中提取的一类多酚类物质，具有抗氧化、抗衰老、抗癌、清除人体自由基、抗病毒、降血糖血脂等多种生物学活性，在食品、医药及日用化工业等领域应用广泛。因此茶多酚含量的测定具有重要意义。

目前，常用的测定茶多酚含量的方法主要有酒石酸亚铁比色法和高锰酸钾滴定法。

【实验要求】

查阅相关文献，根据实验室现有条件，自拟试验研究方案（包括实验原理、实验试剂与仪器、实验步骤、数据处理），实验方案经审核合格后方可进行实验。

【思考题】

1. 怎样用高锰酸钾法测定茶叶中茶多酚的含量？如何确定滴定顺序从而得到准确的滴定终点？
2. 在实验中，可以选择的指示剂有哪些？邻二氮菲是否可用作指示剂？如果可以，应如何设计实验方案？

【实验总结】

实验 29 碘量法测定铜铁试液中的铜含量

【实验目的】

1. 掌握间接碘量法测定铜含量的基本原理和方法。
2. 掌握淀粉指示剂加入的时间点及变色现象。

【实验原理】

碘量法是一种应用广泛的氧化还原方法，分为直接碘量法和间接碘量法。在很多含铜物质（如铜合金、铜矿、铜盐、含铜农药等）的铜含量测定中通常采用间接碘量法。

一定量处理过的铜铁试样，加入过量的 KI，Cu^{2+} 会与 I^- 作用生成难溶的 CuI 沉淀，同时析出 I_2。用 $Na_2S_2O_3$ 标准溶液滴定析出的 I_2。发生如下反应：

$$4I^- + 2Cu^{2+} \Longequal 2CuI \downarrow + I_2$$

$$I_2 + 2S_2O_3^{2-} \Longequal 2I^- + S_4O_6^{2-}$$

根据吸附原理，CuI 沉淀表面吸附 I_2，会使测定结果偏低。因此在滴定接近终点时加入 KSCN，CuI 沉淀将会（$K_{sp}^\ominus = 1.1 \times 10^{-12}$）转化为溶解度更小的 CuSCN 沉淀（$K_{sp}^\ominus = 4.8 \times 10^{-15}$），CuSCN 沉淀吸附 I_2 的倾向较小，反应终点更加明显，可以提高分析结果的准确度。

$$CuI + SCN^- \Longequal CuSCN \downarrow + I^-$$

反应在 pH=3～4 的弱酸性溶液中进行，以避免 Cu^{2+} 的水解及 I_2 的歧化。反应酸度过低，会减慢反应速率，延长滴定终点，产生误差；酸度过高，Cu^{2+} 会催化 I^- 被空气氧化为 I_2，使测定结果偏高。通常用 NH_4HF_2 控制溶液的酸度，F^- 可以掩蔽少量 Fe^{3+}。

$$c(Cu) = c(Na_2S_2O_3)V(Na_2S_2O_3)$$

$$w(Cu) = \frac{c(Na_2S_2O_3)V(Na_2S_2O_3)M(Cu)}{m(样)}$$

【仪器及试剂】

电子天平（万分之一），碱式滴定管（50mL），移液管（25mL），量筒（5mL、10mL、20mL），碘量瓶（250mL）。

$Na_2S_2O_3$ 标准溶液，$K_2Cr_2O_7$ 标准溶液（0.02mol·L^{-1}），KI 溶液（10%），H_2SO_4 溶液（3mol·L^{-1}），淀粉溶液（0.5%），KSCN 溶液（20%），氨水（1∶1），NH_4HF_2（20%），HCl 溶液（1∶1），H_2O_2 溶液（30%），乙酸溶液（2mol·L^{-1}）。

【实验步骤】

1. 移取 25.00mL 待测试液置于锥形瓶中，在摇动下滴加氨水至溶液刚刚出现浑浊（为什么?）。加入 3mL NH_4HF_2 溶液（此时有什么现象?），摇匀后再加入 10mL KI 溶液。

2. 立即用 $Na_2S_2O_3$ 标准溶液（用之前要摇匀）滴定溶液由黄褐色溶液变为浅黄色（略显粉红色），加入淀粉指示剂 2mL 后，继续滴定至溶液呈现浅蓝色，再加入 3mL KSCN 溶液，摇动几次后（此时蓝色变深）继续滴定，直至蓝色消失（此时为白色或略带浅粉色悬浊液），到达终点。

3. 平行测定 3 份，所耗 $Na_2S_2O_3$ 标准溶液的体积差不大于 0.04mL，计算试液中铜的含量（滴定完毕即倒掉废液，否则废液会腐蚀锥形瓶）。

【思考题】

1. 碘量法滴定到终点后溶液很快变蓝说明什么问题？如果放置一些时间后变蓝又说明什么问题？

2. 测定铜含量时为什么要加入过量的 KI 溶液？为什么要加入 KSCN 溶液？应该在什么时候加入 KSCN 溶液？

3. 测定铜含量时为什么要用 NH_4HF_2 溶液来调节溶液的酸度？此时溶液酸度是多少？

【实验数据】

项 目	编 号		
	1	2	3
$c(Na_2S_2O_3)/mol \cdot L^{-1}$			
V(试液)/mL			
$Na_2S_2O_3$ 终读数			
$Na_2S_2O_3$ 初读数			
$V(Na_2S_2O_3)/mL$			
R/mL			
$\overline{V}(Na_2S_2O_3)/mL$			
$c(Cu^{2+})/mol \cdot L^{-1}$			

【实验总结】

实验 30　碘量法测定合金中的铜

【实验目的】

1. 熟悉铜合金样品的分解方法。
2. 掌握间接碘量法测定 Cu 的基本原理和方法。

【实验原理】

碘量法分为直接碘量法和间接碘量法。铜含量测定中通常采用间接碘量法。铜合金在生产生活中有着广泛的用途，如在钟表制造、空调器制造、印刷、医药行业及交通运输业等中均有应用。而铜合金作为固体样品，需经过样品前处理为合适的液体试样后方能进行测定，可以用稀硝酸来溶解样品，也可以用双氧水和稀盐酸溶解样品。本实验采用在加热时加入盐酸及适量 H_2O_2 溶液溶解铜合金样品，待溶解完全后，煮沸以赶尽多余的 H_2O_2，之后即可进行测定。

$$Cu + H_2O_2 + 2HCl \rule[0.5ex]{2em}{0.4pt} CuCl_2 + 2H_2O$$

相关测定原理部分见实验 29。利用下式计算试样中的铜含量。

$$w(Cu) = \frac{c(Na_2S_2O_3)V(Na_2S_2O_3)M(Cu)}{m(样)}$$

【仪器及试剂】

电子天平（万分之一），碱式滴定管（50mL），移液管（25mL），量筒（5mL、10mL、20mL），碘量瓶（250mL）。

$Na_2S_2O_3$ 标准溶液（0.1mol·L^{-1}，配制及标定见实验 9），$K_2Cr_2O_7$ 标准溶液（0.02 mol·L^{-1}），KI 溶液（10%），H_2SO_4 溶液（3mol·L^{-1}），淀粉溶液（0.5%），KSCN 溶液（20%），氨水（1∶1），NH_4HF_2（20%），HCl 溶液（1∶1），H_2O_2 溶液（30%），乙酸溶液（2mol·L^{-1}），铜合金。

【实验步骤】

1. 准确称取铜合金试样 0.15g，放入锥形瓶中，加入 10mL HCl 溶液，盖上表面皿，加热溶液至接近沸腾，在加热下用滴管分几次加入总量约 2mL 的 H_2O_2 溶液。待样品完全溶解后，继续煮沸 2min，将多余的 H_2O_2 赶尽。

2. 将 20mL 水加入冷却后的溶液。边摇动边滴加氨水直至溶液刚出现沉淀。此时按顺序先后加 10mL 乙酸溶液、5mL NH_4HF_2 溶液，摇匀后再加 15mL KI 溶液。

3. 立即用 $Na_2S_2O_3$ 标准溶液滴定溶液变为浅黄色（略显粉红色），加入淀粉指示剂 2mL 后，继续滴定至溶液呈现浅蓝色，再加入 5mL KSCN 溶液，摇动几次后（此时蓝色变深）继续滴定，直至蓝色消失到达终点。

4. 平行测定两份，计算合金中铜的含量。两次测定结果的相对极差不能超过 0.3%。

【思考题】

1. 在铜合金的溶解过程中为什么要选择盐酸？是否可以选择其他酸？

2. 加入 H_2O_2 的作用是什么？待溶解完全后为何要煮沸溶液？

3. 滴加氨水直至溶液刚出现沉淀，此时沉淀是什么物质？溶液的 pH 值约为多少？

【实验数据】

铜合金中铜的测定

项　目	编　号	
	1	2
$c(Na_2S_2O_3)/mol \cdot L^{-1}$		
m(铜合金)/g		
$Na_2S_2O_3$ 终读数		
$Na_2S_2O_3$ 初读数		
$V(Na_2S_2O_3)/mL$		
$w(Cu)$		
$\overline{w}(Cu)$		
相对极差		

【实验总结】

实验 31　农药波尔多液中铜含量的测定（氧化还原滴定法）

【实验目的】

1. 了解农药波尔多液的组成、性质及应用。
2. 学会确定测定方法，设计实验方案测定农药中的铜含量。
3. 学习对分析结果进行讨论，探讨不同实验方案间实验结果的差异。

【实验设计背景知识】

含铜农药是一类重要的无机农药，包括波尔多液、硫酸铜、硫酸铜钙等，其中波尔多液是一种传统的广谱保护性无机杀菌剂，由于具有杀菌范围广、药效时间长、低毒等优点，深受农民喜爱。波尔多液喷洒药液后在植物体和病菌表面形成一层很薄的药膜，在二氧化碳、氨等作用下可溶性铜离子逐渐增加而起杀菌作用。由于其价格低廉、防病效果较好，在果园中长期且大量施用。波尔多液有效成分为碱式硫酸铜 $CuSO_4 \cdot 3Cu(OH)_2$，测定其中的铜含量可以监控其质量。

【实验要求】

首先查阅相关文献，根据实验室现有条件，自拟实验研究方案（包括实验目的、实验原理、实验仪器与试剂、实验步骤、数据处理等），实验方案经审核合格后方可进行实验。

【思考题】

1. 无机农药种类有哪些？除了铜离子以外，无机农药还含有哪些金属离子？
2. 本实验设计中用到了哪些基础实验中的操作和原理？

【实验总结】

实验 32 维生素 C 含量的测定（氧化还原滴定法）

【实验目的】

掌握氧化还原滴定法测定食品中维生素 C 的方法。

【实验原理】

维生素 C 是人体不可缺少的营养物质，具有多种药用价值，缺乏时可导致坏血病，因此，又被称为抗坏血酸。某些食品（如果品）中维生素 C 含量的多少，是决定其营养价值的重要标志之一。天然的维生素 C 有还原型和脱氢型两种，还原型维生素 C 能还原 2,6-二氯靛酚染料。该染料在酸性溶液中呈红色，被还原后红色消失。还原型维生素 C 还原染料后，本身被氧化成脱氧型维生素 C。在没有杂质干扰时，一定量的样品提取液还原标准染料液的量与样品中所含维生素 C 的量呈正比。

因维生素 C 易发生氧化，所以取样品时应尽量缩短操作时间，并避免与铜铁等接触，防止氧化。

【仪器及试剂】

电子天平（百分之一），滴定管（50mL），容量瓶（50mL），移液管（10mL），锥形瓶（50mL），离心管，烧杯，洗耳球、研钵。

青椒，草酸溶液（2%），2,6-二氯靛酚溶液（0.1%），维生素 C 标准溶液（0.1mg·mL^{-1}）。

【实验步骤】

1. 称取青椒 10g（精确到 0.01g，样品必须预先用温水洗去泥土，并在空气中风干或用吸水纸吸干表面的水分），加等量的 2% 草酸溶液，匀浆。将匀浆液转入离心管中，用少量 2% 草酸溶液冲洗匀浆杯，一起转入离心管中。离心后将上清液移入 50mL 容量瓶，用少量 2% 草酸冲洗沉淀并离心，上清液移入容量瓶中，如此反复抽提 3 次，最后用 2% 草酸定容。

2. 若样液具有颜色，用脱色力强但对维生素 C 无损失的白陶土去色，然后迅速吸取 5～10mL 滤液，置于 50mL 锥形瓶中，用标定过的 2,6-二氯靛酚染料溶液滴定，直至溶液呈粉红色，并在 15～30s 不褪色为止，记下用量 V。滴定过程必须迅速（不超过 2min）。

3. 同时，吸取 2% 草酸 10mL 于烧杯中，作空白滴定，记下用量 V_0。

4. 标准溶液滴定同②，由消耗的染料体积可计算出 1mL 染料相当于多少毫克维生素 C，记为 T。

平行进行三次实验，计算样品中维生素 C 含量（mg/100g 样品）。

$$维生素 C 含量 = \frac{(V-V_0)TV_{定} \times 100}{mV_{吸}}$$

式中，V 为滴定样品时所耗去染料溶液的量，mL；V_0 为滴定空白时所耗去染料溶液的量，mL；T 为 1mL 染料溶液相当于维生素 C 标准溶液的量，mg；$V_{定}$ 为样品提取液定容体积，mL；$V_{吸}$ 为滴定时吸取样品提取液体积，mL；m 为样品质量，g。

【思考题】

维生素 C 容易氧化，实验操作中应注意什么？

【实验总结】

实验 33　铁矿石中铁含量的测定（无汞法）

【实验目的】

1. 学习固态样品铁矿石的分解方法。
2. 掌握无汞法预还原铁矿石中铁的原理和方法。
3. 掌握重铬酸钾法测定铁含量的原理和方法。

【实验原理】

铁矿石是钢铁行业的重要原材料，铁矿石的种类很多，用于炼铁的主要有磁铁矿（Fe_3O_4）、赤铁矿（Fe_2O_3）和菱铁矿（$FeCO_3$）等。我国是世界上最大的铁矿石需求国。铁矿石中铁的含量是判断矿石品质好坏的标准，因此需要对铁矿石中的铁含量进行测定。

铁矿石是固体样品，需要用盐酸对其进行酸解，酸解后的溶液中有部分 Fe^{3+}，如果采用 $K_2Cr_2O_7$ 溶液进行测定，需要将 Fe^{3+} 预先进行还原。目前我国的国家标准方法包括有汞法和无汞法。有汞法采用 $SnCl_2$ 作为还原剂，过量的 $SnCl_2$ 采用 $HgCl_2$ 除去，但 $HgCl_2$ 和其还原产物 Hg_2Cl_2 均有剧毒，会造成严重的环境污染并危害操作者的身体健康，因此产生了各种无汞预还原法。本实验采用 $SnCl_2$-$TiCl_3$ 联合预还原法测定铁矿石中的铁含量。

样品酸解后用 $SnCl_2$ 还原大部分 Fe^{3+}，以钨酸钠为指示剂，再用 $TiCl_3$ 还原剩余的 Fe^{3+}。过量的 $TiCl_3$ 将钨酸钠还原为钨蓝，然后滴加 $K_2Cr_2O_7$ 溶液使钨蓝刚好褪色。用二苯胺磺酸钠作为指示剂，在硫、磷混酸介质中用 $K_2Cr_2O_7$ 标准溶液滴定含有 Fe^{2+} 的溶液，至溶液变为紫色即为终点。反应方程式如下：

$$Fe^{3+}+SnCl_4^{2-}+2Cl^- \!\!=\!\!= Fe^{2+}+SnCl_6^{2-}$$

$$2Fe^{3+}+Ti^{3+}+2H_2O \!\!=\!\!= 2Fe^{2+}+TiO_2^{+}+4H^+$$

$$6Fe^{2+}+Cr_2O_7^{2-}+14H^+ \!\!=\!\!= 6Fe^{3+}+2Cr^{3+}+7H_2O$$

利用下式计算试样中的铁含量。

$$w(Fe)=\frac{6c(K_2Cr_2O_7)\cdot V(K_2Cr_2O_7)\cdot M(Fe)}{m(样)}$$

【仪器及试剂】

酸式滴定管（50mL），锥形瓶（250mL），容量瓶（250mL），烧杯（100mL），玻璃棒，滴管，小表面皿，电子天平（万分之一），电炉。

$K_2Cr_2O_7$(s)（A.R.），HCl（1∶1），$KMnO_4$（1%），$SnCl_2$ 溶液（10%），$TiCl_3$ 溶液（1∶9），Na_2WO_4（10%）溶液，H_2SO_4-H_3PO_4 混酸，二苯胺磺酸钠（0.5%），铁矿石样品（s）。

【实验步骤】

1. 0.02mol·L^{-1} K$_2$Cr$_2$O$_7$ 标准溶液的配制

参见实验9。

2. 分解铁样

(1) 准确称取铁矿石样品约 0.2g，置于 250mL 锥形瓶中，加几滴水润湿试样后，加入 20mL 1∶1 HCl，盖上小表面皿。调节电炉火力至小火，慢慢加热（15～20min）至近沸，此时大部分铁矿石分解，溶液呈红棕色。

(2) 趁热（样品仍在电炉上）慢慢滴加 10% 的 SnCl$_2$ 溶液，直至溶液呈浅黄色（注意：SnCl$_2$ 勿过量），继续加热并保持近沸腾，至铁矿石分解完全后停止加热。若在加热过程中溶液黄色加深，则需要补加 SnCl$_2$ 溶液，使溶液呈浅黄色。若 SnCl$_2$ 加过量（溶液呈现无色），则需要滴加少量 1% KMnO$_4$ 溶液至溶液呈浅黄色。

(3) 用去离子水冲洗表面皿及锥形瓶瓶壁，调整溶液体积，加入 50mL 去离子水。

(4) 加入 8 滴 Na$_2$WO$_4$ 溶液后，边摇动边滴加 TiCl$_3$ 溶液，至溶液刚好出现钨蓝，过量 2 滴。用水浴冷却溶液至室温后，滴加 K$_2$Cr$_2$O$_7$ 溶液（小滴瓶中）至钨蓝恰好褪去（此时溶液为无色或浅绿色）。

3. 铁含量测定。

(1) 迅速往锥形瓶中加入 50mL 水、10mL 硫磷混酸溶液和 6 滴二苯胺磺酸钠溶液。

(2) 立即用准备好的 K$_2$Cr$_2$O$_7$ 标准溶液滴定，溶液呈稳定的紫红色即为终点。

(3) 平行实验进行 3 次。3 次测定结果相对偏差不大于 0.3%。

【思考题】

1. 为什么 SnCl$_2$ 加过量（溶液呈现无色），需要滴加少量 1% KMnO$_4$ 溶液至溶液重新呈浅黄色？

2. 加入硫磷混酸的作用是什么？为什么在加入硫磷混酸后，需要立即用 K$_2$Cr$_2$O$_7$ 滴定？若不及时滴定，对测定结果有何影响？

3. 在实验中有两次加入 50mL 水的操作，目的是什么？

【注意事项】

1. 铁矿石分解时应分解完全，此时应无黑色残渣，残渣为白色或浅色。

2. 平行测定的 3 份铁矿样可以同时称量、酸解，但应分别进行预还原处理和滴定。

【实验数据】

m(K$_2$Cr$_2$O$_7$)/g			
c(K$_2$Cr$_2$O$_7$)/mol·L^{-1}			
	I	II	III
m(铁矿石样)/g			
K$_2$Cr$_2$O$_7$终读数/mL			

	I	II	III
$K_2Cr_2O_7$初读数/mL			
$V(K_2Cr_2O_7)$/mL			
$w(Fe)$			
$\overline{w}(Fe)$			
相对偏差			

【实验总结】

实验 34 饲料常用添加剂硫酸亚铁中 Fe(Ⅱ)和 Fe(Ⅲ) 含量的测定(重铬酸钾法)

【实验目的】

1. 了解饲料中常用的铁添加剂种类,了解不同价态的铁对动物的不同作用。
2. 学会确定测定方法,设计实验方案,测定不同价态的铁含量。
3. 学习对分析结果进行讨论,探讨不同实验方案间实验结果的差异。

【实验设计背景知识】

铁在家畜的生命活动中发挥着至关重要的作用,是畜禽体内所必需的微量元素之一,且所需量最大。铁缺乏将导致缺铁性贫血,但缺铁现象普遍存在于家畜中。在养殖过程中发现,需要给动物及时补充铁,否则对其生长和免疫会产生严重影响。除了从食物中获取少量的铁之外,补铁剂是补铁的主要途径。目前主要的补铁剂有:硫酸亚铁、乳酸亚铁、富马酸亚铁等。硫酸亚铁是现在主要的铁补充剂,饲料级的硫酸亚铁广泛添加于饲料中,以提高饲料营养的全面性。但由于原料纯度不高、生产过程不严格或保存不当,硫酸亚铁中 Fe(Ⅱ) 会部分被氧化成 Fe(Ⅲ)。Fe(Ⅱ) 是畜禽体内必需的营养素,而过多 Fe(Ⅲ) 却对畜禽体有害,因此,分别测定饲料级硫酸亚铁中不同价态的铁含量对于保证饲料质量具有重要意义。

【实验要求】

首先查阅相关文献,根据实验室现有条件,自拟实验研究方案(包括实验目的、实验原理、实验仪器与试剂、实验步骤、数据处理等),实验方案经审核合格后方可进行实验。

【思考题】

1. 铁在生物体中有哪些重要作用?是如何发挥这些作用的?
2. 采用滴定分析方法检测饲料添加剂中不同价态的铁含量具有哪些优点?

【实验总结】

4.5 重量法和沉淀滴定

实验 35 重量法测定 BaCl₂ 的质量分数

【实验目的】

1. 了解重量法测定 $BaCl_2 \cdot 2H_2O$ 中钡含量的基本原理和方法。
2. 学习重量法中晶形沉淀的制备方法，掌握过滤、洗涤、灼烧及恒重的基本操作技术，建立恒重的概念。

【实验原理】

重量法通过直接沉淀和称量来测定物质的含量，测定结果的准确度很高。最常用的沉淀重量法是将待测组分以难溶化合物形式从溶液中沉淀出来，沉淀经过陈化、过滤、洗涤、干燥或灼烧后，转化为称量形式称重，最后通过化学计量关系计算得出分析结果。尽管沉淀重量法的操作烦琐、耗时长，但由于该方法具有不可替代的优点，因此在常量的 S、Ba、P、Si 等元素及其化合物的定量分析中还经常用到。

$BaSO_4$ 重量法可以用于测定 Ba^{2+} 和 SO_4^{2-} 的含量。

一定量的 $BaCl_2 \cdot 2H_2O$ 溶解后，用稀 HCl 溶液酸化，加热至微沸，在不断搅动的条件下，慢慢地滴加稀、热的 H_2SO_4，Ba^{2+} 与 SO_4^{2-} 反应生成晶形沉淀。沉淀经陈化、过滤、洗涤、烘干、炭化、灰化、灼烧后，以 $BaSO_4$ 形式称量。根据称量结果计算出 $BaCl_2 \cdot 2H_2O$ 中的钡含量。

在 Ba^{2+} 形成的一系列微溶化合物（$BaCO_3$、BaC_2O_4、$BaCrO_4$、$BaHPO_4$、$BaSO_4$ 等）中，以 $BaSO_4$ 溶解度最小，100℃时溶解度为 0.4mg，25℃时溶解度为 0.25mg。过量沉淀剂存在时溶解度大为减小，可以忽略不计，因此选用稀硫酸为沉淀剂。为了使 $BaSO_4$ 沉淀完全，沉淀剂必须过量。过量的 H_2SO_4 在高温下可挥发除去，故沉淀带下的 H_2SO_4 不会引起误差，沉淀剂可过量 $50\% \sim 100\%$。

为了防止产生 $BaCO_3$、$BaHPO_4$、$BaHAsO_4$ 沉淀以及防止生成 $Ba(OH)_2$ 共沉淀，并防止增加 $BaSO_4$ 在沉淀过程中的溶解度，硫酸钡重量法一般在 $0.05mol \cdot L^{-1}$ 左右盐酸介质中进行沉淀。Pb^{2+}、Sr^{2+} 对钡的测定有干扰。NO_3^-、ClO_3^-、Cl^- 等阴离子和 K^+、Na^+、Ca^{2+}、Fe^{3+} 等阳离子均可以引起共沉淀现象。在实验中应该严格控制沉淀条件，减少共沉淀现象，获得纯净的 $BaSO_4$ 晶形沉淀。

$$w(BaCl_2) = \frac{m(BaSO_4)M(BaCl_2)}{M(BaSO_4)m_s}$$

【仪器及试剂】

电子天平（万分之一），瓷坩埚（25mL），定量滤纸（慢速），玻璃漏斗，烧杯

（100mL、250mL、400mL），量筒（5mL、100mL），漏斗架，表面皿，水浴锅，干燥器，坩埚钳，马弗炉。

H_2SO_4（$1mol \cdot L^{-1}$），HCl（$2mol \cdot L^{-1}$），$AgNO_3$（$0.1mol \cdot L^{-1}$），$BaCl_2 \cdot 2H_2O$（A. R.）。

【实验步骤】

1. 瓷坩埚的准备

在沉淀的干燥和灼烧前，必须预先准备好坩埚。先将瓷坩埚洗净烘干后编号，然后在与灼烧沉淀相同的温度下加热灼烧瓷坩埚。本实验在800℃±20℃下第一次灼烧40min（新坩埚需灼烧1h）。从马弗炉中取出坩埚，放置约0.5min后，将坩埚移入干燥器中，不能马上盖严，要暂留一个小缝隙（约为3mm），过1min后盖严。将干燥器和坩埚一起在实验室冷却20min后，移至天平室冷却20min，冷却至室温（各次灼烧后的冷却时间一定要保持一致）后方可取出称量。要快速称量以免受潮。第二次灼烧20min，取出后和上次条件相同冷却后称量。如果前后两次称量结果之差不大于0.3mg，即可认为坩埚恒重成功，否则还需再灼烧20min，直到坩埚恒重。

2. 称样及沉淀的制备

分别准确称取 $BaCl_2 \cdot 2H_2O$ 试样两份0.4～0.6g于250mL烧杯中，加入约70mL水、2mL $2mol \cdot L^{-1}$ HCl溶液，搅拌溶解，盖上表面皿，在电炉上加热至80℃以上。

另取4mL $1mol \cdot L^{-1}$ H_2SO_4 两份于两个100mL烧杯中，加水50mL，在电炉上加热至近沸，分别用小滴管趁热将两份 H_2SO_4 溶液全部逐滴加入两份热的钡盐溶液中，并用玻璃棒不断搅拌。沉淀剂加完后，待 $BaSO_4$ 沉淀下沉，加入1～2滴 $0.1mol \cdot L^{-1}$ H_2SO_4 溶液至上层清液中，仔细观察沉淀是否完全（沉淀完全的标准是什么？若没有沉淀完全，怎么办？）。待沉淀完全后，盖上表面皿（切勿将玻璃棒拿出杯外），将沉淀放在98℃的水浴上，陈化1h，期间搅动几次。陈化后取出自然冷却。

3. 沉淀形的获得（沉淀的过滤和洗涤）

用慢速定量滤纸采用倾泻法过滤。待沉淀冷却至室温后，用稀 H_2SO_4（取1mL $1mol \cdot L^{-1}$ H_2SO_4 加100mL水配成）洗涤沉淀3次，每次约15mL。第4次加入约15mL洗涤剂后将沉淀搅匀形成悬浊液，然后将沉淀定量转移到滤纸上（如果有剩余的沉淀怎么办？），用保存备用的滤纸角擦"活"，并将此小片滤纸放于漏斗中，再用洗涤剂洗涤4～6次，直至洗涤干净（洗涤液中不含 Cl^-，检查方法：用表面皿接几滴滤液，加1滴 $AgNO_3$）。

4. 沉淀的灼烧和恒重

将用滤纸包好的沉淀置于已恒重的瓷坩埚中，经烘干、炭化、灰化后，在已升温至800℃±20℃的马弗炉中灼烧至恒重（第一次1h，第二次30min），灼烧及冷却条件与瓷坩埚的准备中一致。计算 $BaCl_2 \cdot 2H_2O$ 中 $BaCl_2$ 的含量。

【思考题】

1. 简述瓷坩埚的准备过程。

2. 为什么要在热溶液中完成 $BaSO_4$ 沉淀的生成，而要在冷却后过滤？晶形沉淀陈化的目的有哪些？

3. 本实验洗涤沉淀时，选用什么溶液作为洗涤液？为什么？

4. 滤纸灰化时如果出现黑色说明存在什么问题？怎样处理？

5. 灼烧沉淀时，温度过高会对实验结果产生什么影响？沉淀恒重的标准是什么？

【实验数据】

项　　目	坩埚编号	
	1	2
m_s/g		
灼烧后空坩埚第一次质量/g		
第二次质量/g		
第三次质量/g		
坩埚质量（平均值）/g		
灼烧后沉淀＋坩埚第一次质量/g		
第二次质量/g		
第三次质量/g		
灼烧后沉淀＋坩埚质量（平均值）/g		
$m(BaSO_4)/g$		
$w(BaCl_2)$		
$\overline{w}(BaCl_2)$		
相对偏差		

【实验总结】

实验 36　土壤中 SO_4^{2-} 含量的测定

【实验目的】

1. 了解晶形沉淀的形成条件、原理和方法。
2. 掌握重量法的基本操作：沉淀、过滤、洗涤和灼烧。

【实验原理】

测定 SO_4^{2-} 含量的经典方法是在酸性溶液中，用 $BaCl_2$ 作为沉淀剂生成 $BaSO_4$ 晶形沉淀，经过滤、洗涤、干燥、灼烧后，称量 $BaSO_4$ 的质量，再换算成 SO_4^{2-} 含量。土壤中 SO_4^{2-} 含量（$g \cdot kg^{-1}$）计算公式：

$$SO_4^{2-}\text{含量} = \frac{m_1 \times t \times 0.4116}{m \times K} \times 1000$$

式中，m_1 为 $BaSO_4$ 沉淀的质量，g；t 为分取倍数 [浸出液体积（250mL）/吸取溶液体积（mL）]；m 为风干土样质量，g；K 为风干土样换算成烘干土样的水分换算系数；0.4116 为 $BaSO_4$ 换算成硫酸根的系数。

在 HCl 酸性介质中进行沉淀，可防止 CO_3^{2-}、PO_4^{3-} 等与 Ba^{2+} 生成沉淀，但酸可增大 $BaSO_4$ 的溶解度，一般 HCl 浓度以 $0.05mol \cdot L^{-1}$ 为宜。由于同时存在过量 Ba^{2+} 的同离子效应，故 $BaSO_4$ 溶解度损失可忽略不计。

$BaSO_4$ 沉淀初生成时，一般形成细小的晶体，易穿过滤纸。Cl^-、NO_3^-、ClO_3^- 等阴离子和 H^+、K^+、Na^+、Ca^{2+} 等均可引起共沉淀，应注意控制沉淀条件。

【仪器及试剂】

瓷坩埚（25mL），坩埚钳，塑料瓶（500mL），玻璃漏斗，滤瓶（500mL），标准筛（10目），定量滤纸，振荡机，离心机，水浴锅，马弗炉，电炉，干燥器，电子天平（万分之一）。

风干土样，HCl（$2mol \cdot L^{-1}$）溶液，10% $BaCl_2$ 溶液，$AgNO_3$（$0.1mol \cdot L^{-1}$）溶液，HNO_3（$6mol \cdot L^{-1}$）。

【实验步骤】

1. 待测液的制备

风干土样过 2mm 筛，称取其中 50.00g（精确至 0.01g），置于干燥的 500mL 塑料瓶中，加入 250.0mL 无 CO_2 的去离子水，加塞，放在振荡机上振荡 3min，过滤或离心分离，得到清亮的待测浸出溶液。

2. 沉淀形成

吸取 100mL 上述滤液于 250mL 烧杯中，加 3mL HCl 溶液，加热近沸。

在不断搅拌下，逐滴加入 $BaCl_2$ 溶液，有白色沉淀出现，待沉淀下沉后，在上层清液中滴加 $BaCl_2$ 溶液，若无沉淀产生，表示已沉淀完全。待 $BaSO_4$ 沉淀完全后，再多加 2～3mL $BaCl_2$ 溶液。置于水浴上恒温 1h，取下烧杯静置 2h（陈化）。用定量滤纸倾泻法过滤。烧杯中的沉淀用热去离子水洗 2～3 次，转入滤纸上，再用热去离子水洗涤沉淀至洗液中无 Cl^- 为止（检查方法：取滤液 2mL 加硝酸银溶液 2 滴，不显浑浊即表示无 Cl^-）。

3. 沉淀灼烧、称量

将滤纸包移入已灼烧至恒重的瓷坩埚中，经干燥、炭化、灰化后，在 800～850℃马弗炉中灼烧 20min，随后在干燥器中冷却 30min，称重，再将坩埚灼烧 20min，直至恒重。

用相同试剂和滤纸同样处理，做空白实验，测空白质量。

【思考题】

1. 为什么沉淀 $BaSO_4$ 要在稀 HCl 溶液中进行？HCl 加过量对实验有何影响？

2. 晶形沉淀为何要陈化？

3. 为了使沉淀完全，必须加入过量沉淀剂，为什么又不能过量太多？

4. 为什么 $BaSO_4$ 沉淀反应需在热溶液中进行，但要在冷却后过滤？

【实验总结】

实验 37 钢铁中镍含量的测定（重量法）

【实验目的】

1. 了解有机沉淀剂在重量分析中的应用。
2. 了解丁二酮肟重量法测镍的原理和方法。
3. 掌握丁二酮肟重量法测镍的操作步骤。

【实验原理】

镍铬合金钢中镍的含量在百分之几到百分之几十，对其含量的测定可用丁二酮肟重量法或 EDTA 配位滴定法。配位滴定法虽操作简单，但干扰离子分离较难。而利用丁二酮肟重量法测镍，选择性高，溶解度小，组成恒定，可靠性更高。

丁二酮肟（$C_4H_8N_2O_2$）为白色三斜结晶或结晶性粉末，溶于乙醇、乙醚、丙酮和吡啶，几乎不溶于水。丁二酮肟为二元酸（用 H_2D 表示），仅 HD^- 可与 Ni^{2+}、Pb^{2+} 和 Fe^{2+} 生成沉淀，而与 Cu^{2+}、Co^{2+} 和 Fe^{3+} 生成水溶性配合物，可见丁二酮肟重量法测镍时对酸度的控制很重要。实验证明沉淀时溶液的 pH 值以 7.0～10.0 为宜。通常在 pH 值为 8～9 的氨性溶液中进行沉淀，生成红色沉淀。

丁二酮肟在水中溶解度较小，以及钢铁中共存的 Fe^{3+}、Al^{3+}、Cr^{3+} 和 Ti^{4+} 等在氨性溶液中易生成氢氧化物沉淀，由此造成的共沉淀现象会对分析造成干扰。前者可通过加入适量乙醇来提高丁二酮肟的溶解度，溶液中乙醇的浓度以 30%～35% 为宜。后者可在调氨性溶液之前，加入柠檬酸或酒石酸等配位试剂，使上述干扰金属离子生成水溶性配合物，从而避免干扰。

此外，共存的 Co^{2+}、Cu^{2+} 与丁二酮肟生成水溶性配合物，不仅会额外消耗丁二酮肟，且会引起共沉淀现象，从而严重沾污丁二酮肟镍沉淀。加大沉淀剂的用量，在一定程度上可减小沉淀污染。当 Co^{2+}、Cu^{2+} 含量较高时，最好进行两次沉淀或预先分离。

【仪器及试剂】

电子天平（万分之一），G_4 微孔玻璃坩埚，钢铁试样，表面皿，布氏漏斗，抽滤瓶，烧杯，水泵，烘箱，电炉，滤纸，干燥器，坩埚钳。

$HCl+HNO_3+H_2O$（3:1:2）混合酸，丁二酮肟（1%乙醇溶液），酒石酸或柠檬酸溶液（50%），氨水（1:1），HCl（1:1），$AgNO_3$（$0.1mol \cdot L^{-1}$），HNO_3（$2mol \cdot L^{-1}$）。

【实验步骤】

1. 准确称取两份钢铁试样（含 Ni 60～120mg），分别置于已编号的 400mL 烧杯中，加入 10mL 硝酸溶液（1:2），盖上表面皿，低温加热使试样尽量溶解完全后，煮沸除去氮的氧化物，加入 280mL 蒸馏水，加热煮沸使可溶盐完全溶解。稍冷后，加入 10mL 酒石酸溶液。随后边搅拌边滴加氨水（1:1）至溶液 pH=8～9，此时溶液颜色由黄色变为蓝绿色。如有沉淀应将沉淀过滤，并用温水（40～50℃）洗涤液洗涤烧杯及滤纸 5 次，滤液及洗涤液收集于另一个干净的 400mL 烧杯中。用 1∶1 盐酸酸化，用热水稀释至约 300mL，并将溶液加热至 70~80℃，加入 1‰丁二酮肟乙醇溶液（约 10mg 镍需 4mL 丁二酮肟溶液），再多加 5mL。不断搅拌下，滴加氨水（1∶1）至 pH 值为 8~9，充分搅拌 30s，随即静置 30min。

2. 用 G_4 微孔玻璃砂芯坩埚进行减压过滤，用温水洗涤烧杯及坩埚 8~10 次至沉淀无 Cl^- 为止（用 $AgNO_3$ 检验）。

3. 将带有沉淀的微孔玻璃砂芯坩埚在 130~150℃烘箱中烘 1h，冷却，称重，再烘干，冷却直至恒重（两次称量之差小于 0.4mg）。根据沉淀质量计算钢铁中镍含量。

【注意事项】

1. 每次称量用同台天平，且恒重时间和冷却时间尽量保持一致。

2. Ni 含量要适当，不能过多，否则沉淀过多导致操作不便。

3. 本实验设计时需要规避丁二酮肟溶解性差导致的共沉淀现象和其他金属离子对镍离子的干扰现象所带来的实验误差，所以在设计实验的时候需考虑 pH 值、操作温度以及酒石酸的加入，是一个综合、全面的实验，有助于锻炼学生分析和解决问题的能力。

【思考题】

1. 溶解时加入 HNO_3 的作用是什么？

2. 如何选择和控制实验条件，来保证丁二酮肟镍沉淀的纯度以及镍的完全沉淀？

3. 在丁二酮肟沉淀镍之前，为什么要提前氧化亚铁离子，为什么要预过滤？

【实验总结】

实验 38   莫尔法测定水溶液中氯离子的含量

【实验目的】

1. 熟悉莫尔法测定水溶液中氯离子含量的基本原理。
2. 熟悉沉淀滴定操作。

【实验原理】

银量法是最为常用的沉淀滴定法，根据其所选用的指示剂不同分为三种，包括莫尔法（K_2CrO_4 指示剂）、佛尔哈德法 ［$FeNH_4(SO_4)_2 \cdot 12H_2O$ 指示剂］ 和法扬司法（吸附指示剂）。

莫尔法的反应原理如下：

在中性或弱碱性介质中，以 K_2CrO_4 为指示剂，用 $AgNO_3$ 标准溶液直接滴定氯离子。滴定反应为：

$$Ag^+ + Cl^- \longrightarrow AgCl \downarrow （白色） \quad K_{sp}^{\ominus} = 1.8 \times 10^{-10}$$

终点时：

$$2Ag^+ + CrO_4^- \longrightarrow Ag_2CrO_4 \downarrow （砖红色） \quad K_{sp}^{\ominus} = 1.12 \times 10^{-12}$$

该反应需要注意滴定应在中性或弱碱性介质中进行，pH 值应控制在 6.5～10.5 之间。如果 pH 值太低，则 CrO_4^- 酸化影响其浓度；pH 值太高，则导致银离子沉淀。另外指示剂浓度不宜太大，过多加入指示剂会导致终点提前。

$$c(Cl^-) = \frac{c(AgNO_3)V(AgNO_3)}{V(样)}$$

【仪器及试剂】

电子天平（万分之一），移液管（25mL），容量瓶（250mL），酸式滴定管（50mL），锥形瓶（250mL）。

$AgNO_3$ 标准溶液（0.1mol·L^{-1}），K_2CrO_4 指示剂（5%），稀硫酸溶液（0.05mol·L^{-1}），NaOH 溶液（0.05mol·L^{-1}），蒸馏水。

【实验步骤】

1. 0.1mol·L^{-1} $AgNO_3$ 标准溶液的配制

溶液的配制参见实验 10。

2. 滴定操作

（1）用移液管吸取水样 25mL，置于 250mL 锥形瓶中，加入指示剂 1mL，用 $AgNO_3$ 标准溶液滴定，滴定过程剧烈摇动锥形瓶，滴定至溶液呈鲜红色，并保持 30s 内不褪色即为终点。

（2）平行测定 3 次，记录滴定前后滴定管中 $AgNO_3$ 标准溶液的体积。测定结果的相对偏差不大于 0.3%。

（3）另取蒸馏水 50mL 重复操作，测定空白溶液的误差，根据测定结果计算水样中氯离子的浓度。

【思考题】

1. K_2CrO_4 在此实验中作指示剂的原理是什么？如果加入量过大或过少会产生什么现象？

2. 为什么莫尔法反应要在中性或弱碱性条件下进行？

【实验数据】

项　　目	编　　号		
	1	2	3
$AgNO_3$ 初读数			
$AgNO_3$ 终读数			
$V(AgNO_3)$/mL			
$c(Cl^-)$/mol·L^{-1}			
$\bar{c}(Cl^-)$/mol·L^{-1}			
相对偏差			

【实验总结】

4.6 仪器分析

实验 39 分光光度法测铁（磺基水杨酸显色法）

【实验目的】

1. 掌握邻二氮菲和磺基水杨酸分光光度法测铁的原理及方法。
2. 掌握光吸收曲线的绘制方法及最适宜测定波长的确定。
3. 掌握标准曲线的绘制方法，计算分析结果。
4. 掌握 722 型分光光度计的使用方法。

【实验原理】

分光光度法测量微量物质的理论基础是朗伯-比耳定律，即 $A = kbc$。在测量吸光度之前，一般需要进行显色反应。测定微量铁的显色剂有：邻二氮菲、磺基水杨酸、硫氰酸盐等。

磺基水杨酸（简式为 H_3R）是分光光度法测定铁的有机显色剂之一，与 Fe^{3+} 可以形成稳定的配合物，在不同 pH 值的溶液中，形成配合物的组成也不同。在 pH＝9～11.5 的 NH_3-NH_4Cl 溶液中，Fe^{3+} 与磺基水杨酸反应生成铁黄色的配合物三磺基水杨酸，其最大吸收波长在 420nm 左右。

磺基水杨酸很稳定，试剂用量及溶液酸度略有改变对其都无影响。F^-、NO_3^-、PO_4^{3-} 等对测定无影响。Ca^{2+}、Mg^{2+}、Al^{3+} 等与磺基水杨酸生成的无色配合物，在显色剂过量时，不干扰测定。Cu^{2+}、Co^{2+}、Ni^{2+}、Cr^{3+} 等大量存在时会干扰测定。

由于 Fe^{2+} 在碱性溶液中易被氧化，所以本法所测定的铁实际上是溶液中铁的总含量。

【仪器和试剂】

722 型分光光度计，吸量管（2mL、5mL），容量瓶（50mL），量筒（5mL），比色皿（1cm），擦镜纸。

磺基水杨酸溶液（10%，贮于棕色瓶中），氨水（1：10），铁标准溶液 [0.0500mg·mL⁻¹，准确称取 0.1080g 的 $NH_4Fe(SO_4)_2·12H_2O$ 溶于水中，加 3mol·L⁻¹ 硫酸 8mL，转移至 250mL 容量瓶中，以水稀释至刻度，摇匀]，NH_4Cl 溶液（10%）。

【实验步骤】

1. 吸收曲线的绘制

选择步骤 2 中编号 4 的溶液，以试剂空白作参比溶液，在 400～500nm 之间每隔 10nm 测定一次吸光度（其中在 410～430nm 范围内，每间隔 5nm 测量一次。吸光度每调一次波长，都要重新调节分光光度计的 $T=0$ 和 $T=100\%$）。以波长为横坐标，以吸光度为纵坐标，绘制吸收曲线，确定最大吸收波长。

2. 标准曲线的绘制

在 6 支 50mL 容量瓶中，用吸量管分别加入 0.00mL、1.00mL、2.00mL、3.00mL、4.00mL、5.00mL 浓度为 0.0500mg·mL^{-1} 的铁标准溶液，各加 4mL 10% NH_4Cl 溶液和 2mL 10%磺基水杨酸溶液，滴加氨水（1∶10）直到溶液变黄色后，再多加 4mL，加水稀释至刻度，摇匀。

在选定的波长下，以试剂空白作参比溶液，调节透光度为 100%，测出各标准溶液的吸光度。以吸光度为纵坐标，铁含量为横坐标，绘制工作曲线。

3. 试液中铁含量的测定

用吸量管加待测试液 3.00mL 两份于 50mL 容量瓶中（编号 7、8），各加 4mL 10% NH_4Cl 溶液和 2mL 10%磺基水杨酸溶液，滴加氨水（1∶10）直到溶液变黄色后，再多加 4mL，加水稀释至刻度，摇匀，测量其吸光度。从工作曲线中查得相应的铁含量，计算原试液中铁的含量。

【思考题】

1. 加 NH_4Cl 的作用是什么？
2. 为什么要用氨水滴至溶液呈黄色？
3. 多加 4mL 氨水的作用是什么？
4. 加入试剂的顺序可以更改吗？为什么？

【实验数据】

1. 绘制吸收曲线，确定 λ_{max}

（1）数据记录。

λ/nm												
A												

（2）绘制 A-λ 曲线。

（3）$\lambda_{max}=$ _____。

2. 绘制标准曲线与未知试样中铁含量的测定

（1）数据记录。

编号	标1	标2	标3	标4	标5	标6	7(未知)	8(未知)
$\rho(\mathrm{Fe})/\mathrm{mg \cdot mL^{-1}}$								
A								

（2）绘制 $A\text{-}c$ 曲线（用坐标纸或 Excel 软件）。

（3）由标准曲线查得未知试液浓度 $\rho(\mathrm{Fe},未知)/\mathrm{mg \cdot mL^{-1}}$ _____。

（4）试液中铁含量计算：

$$\rho(\mathrm{Fe},试样)=\rho(\mathrm{Fe},未知)\times 稀释倍数$$

【实验总结】

实验 40　分光光度法测定水样中草甘膦的含量

【实验目的】

1. 掌握不含紫外吸收基团的化合物的紫外分光光度测定方法。
2. 掌握 722 型分光光度计的使用方法。

【实验原理】

草甘膦是一种内吸传导型有机磷除草剂，因具有广谱高效、低毒等特点而被广泛应用。

草甘膦水溶性高，不含紫外吸收基团，但可用亚硝酸钠对其进行亚硝基衍生化，采用分光光度法测定衍生物的含量，从而得到样品中草甘膦的含量。衍生物的最大吸收峰在 240nm 波长处。

【仪器和试剂】

722 分光光度计，吸量管（10mL、5mL、2mL），容量瓶（50mL），比色皿（1cm），擦镜纸。

草甘膦标准溶液（500mg·L^{-1}），硫酸溶液（50%），溴化钾溶液（250g·L^{-1}），亚硝酸钠溶液（6.9g·L^{-1}，现用现配）。

【实验步骤】

1. 草甘膦亚硝基化衍生物吸收曲线的绘制

（1）取 0.1mL 草甘膦标准溶液（500mg·L^{-1}）注入 50mL 棕色容量瓶中，加入蒸馏水至约 20mL，再依次加入 2mL 硫酸溶液、1mL 溴化钾溶液，混合后用移液管加入 2.0mL 亚硝酸钠溶液，立即将瓶塞塞紧，充分摇匀后静置反应，用水稀释至刻度。

（2）以试剂空白溶液作参比，在 200~280nm 之间每 10nm 测定一次吸光度（其中在 230~250nm 范围内，每间隔 5nm 测量一次。每调一次波长，都要重新调节分光光度计的 $T=0$ 和 $T=100\%$）。

（3）以波长为横坐标，以吸光度为纵坐标，绘制吸收曲线，确定最大吸收波长。

2. 标准曲线的绘制

（1）在 6 个 50mL 棕色容量瓶中分别加入 0mL、2mL、4mL、6mL、8mL、10mL 稀释的草甘膦标准溶液，加入蒸馏水至约 20mL，再依次加入 2mL 硫酸溶液、1mL 溴化钾溶液，混合后用移液管加入 2.0mL 亚硝酸钠溶液，立即将瓶塞塞紧，充分摇匀后静置反应，用水稀释至刻度，定容后放置 10 分钟。

（2）在最大吸收波长处分别测定吸光度。以浓度为横坐标，以吸光度为纵坐标，绘制标准曲线。

3. 未知液中草甘膦亚硝基化衍生物含量的测定

（1）移取 1mL 未知液两份于 50mL 棕色容量瓶中（编号样品 7、8），加入蒸馏水至约 20mL，再依次加入 2mL 硫酸溶液、1mL 溴化钾溶液，混合后用移液管加入 2.0mL 亚硝酸钠溶液，立即将瓶塞塞紧，充分摇匀后静置反应，用水稀释至刻度，定容后放置 10min。

（2）在最大吸收波长处测定吸光度，从标准曲线上查找衍生物的含量，从而计算出草甘膦的含量。

【思考题】

1．硫酸溶液的作用是什么？
2．在实验时，加入试剂的顺序能否任意改变？为什么？

【实验总结】

【参考资料】

[1]　汪海萍，邵燕，王志良，等．分光光度法测定废水中草甘膦的探讨［J］．环境监测管理与技术，2012，24（3）：56-59.

实验 41 分光光度法测量海带中的碘含量

【实验目的】

1. 学习生物样品分析的干灰化方法。
2. 学习分光光度法测量碘的方法，并与滴定法相比较。

【实验原理】

海带自古以来都是常见食品，不仅含有丰富的营养物质，而且含有丰富的碘，含量约在 0.03%。碘作为人体必需的元素，是合成甲状腺激素的重要物质，对人体维持机体能量代谢、体格和脑生长发育起到关键作用。

碘在海带中有多种存在形式，在对其定量前可将其碱溶，用维生素 C 还原，使其转化形成碘离子 I^-，然后利用过氧化氢将其氧化为碘单质，用有机溶剂四氯化碳萃取后，再利用分光光度计测量其在 520nm 处的吸收，并与标准曲线对比，计算出其含量。涉及的反应为：

$$H_2O_2 + 2I^- + 2H^+ \rule[0.4ex]{1.5em}{0.4pt}\!\!\!\!\!\!\!= I_2 + 2H_2O$$

【仪器及试剂】

722 型分光光度计，马弗炉，容量瓶（250mL、50mL），移液管（10mL），吸量管（5mL、2mL），烧杯（100mL），长颈漏斗，分液漏斗。

KIO_3（A.R.），30% H_2O_2，维生素 C（A.R.），硫酸（6mol·L^{-1}），NaOH 溶液（40%），CCl_4（A.R.）。

【实验步骤】

1. 标准曲线的绘制

（1）称量一定量的 KIO_3，配制浓度为 10mmol·L^{-1} KIO_3 标准溶液 250mL。用合适的移液管或吸量管分别移取 0.50mL、1.00mL、2.00mL、4.00mL、8.00mL 标准溶液，置于 50mL 容量瓶中，加入 20~30mL 蒸馏水、少许固体维生素 C、两滴硫酸、5mL H_2O_2，摇匀，定容。

（2）放置 5min 待反应完毕转移至分液漏斗，加入 20mL CCl_4 萃取。

（3）将得到的 CCl_4 溶液测量波长在 520nm 处的吸收，绘制标准曲线。

2. 海带中碘浓度的测定

（1）样品前处理

称取 2~3g 的干海带样品，用水清洗干净，加入 NaOH 浸泡处理 5h，置于马弗炉中高温 600℃灰化。灰化后的样品加入蒸馏水溶解，并趁热过滤，洗涤 3~4 次，收集滤液。

（2）样品分析

滤液加入少许固体维生素 C，用硫酸将 pH 值调至 1 左右，加入 5mL H_2O_2，摇匀，定容至 50mL。放置 5min 待反应完毕转移至分液漏斗，加入 20mL CCl_4 萃取。测量波长在

520nm 处所得 CCl₄ 溶液的吸收，并与标准曲线比较，计算出待测溶液的浓度。

【思考题】

1. 用分光光度法测碘与滴定法测碘比较各有什么优缺点？
2. 如果海带样品不经过碱处理，直接灰化，会导致什么问题？

【实验总结】

实验 42　分光光度法测定蛋白质的含量

【实验目的】

掌握分光光度法测定蛋白质的原理及方法。

【实验设计背景知识】

紫外-可见吸收光谱法又称紫外-可见分光光度法，它是研究分子吸收 200～780nm 波长范围内的吸收光谱，是以溶液中物质分子对光的选择性吸收为基础而建立起来的一类分析方法。紫外-可见吸收光谱的产生是分子的外层价电子跃迁的结果，其吸收光谱为分子光谱，是带光谱。

蛋白质是生命的物质基础，是构成细胞的基本有机物，是生命活动的主要承担者。蛋白质中酪氨酸和色氨酸残基的苯环含有共轭双键，所以蛋白质溶液在 275nm 与 280nm 具有紫外吸收峰。在一定浓度范围内，蛋白质溶液在最大吸收波长处的吸光度与其浓度成正比，服从朗伯-比耳定律。

【实验要求】

查阅相关文献，根据实验室现有条件，自拟测定自制或市售的乳制品中蛋白质含量的实验方案（包括实验原理、实验仪器与试剂、实验步骤、数据处理），经指导老师审阅合格后方可进行实验。

【思考题】

怎样排除样品中含有嘌呤、嘧啶等核酸类吸收紫外线的物质对实验结果的干扰？

【实验总结】

实验 43　水果中维生素 C 含量测定（紫外光谱法）

【实验目的】

1. 掌握紫外光谱法测定水果中维生素 C 的原理和方法。
2. 了解紫外分光光度计的结构。
3. 掌握紫外分光光度计的应用方法。

【实验原理】

紫外分光光度法是基于物质对紫外线（波长范围 200～400nm）具有选择性吸收的原理的分析方法。定量分析的理论依据是朗伯-比耳定律。通过测定溶液对一定波长入射光的吸光度，可求出物质在溶液中的浓度和含量。

维生素 C 具有较强的还原性，加热或在溶液中易氧化分解。通过测定样品在 243nm 处的吸光度值，求得溶液中维生素 C 的含量。

【仪器及试剂】

紫外分光光度计，电子天平（万分之一），容量瓶（50mL、100mL），吸量管（5mL、10mL），榨汁机，棉花，石英比色皿（1cm），漏斗。

维生素 C 标准溶液，草酸（1%），待测水果。

【实验步骤】

1. 标准溶液配制

用吸量管分别移取维生素 C 标准溶液 1.5mL、2mL、3mL、4mL、5mL 于 50mL 容量瓶中，用蒸馏水稀释至刻度，摇匀，备用（维生素 C 标准溶液配制时已加入草酸）。

2. 样品溶液制备

将水果用榨汁机捣碎后，称取 10g 左右于 100mL 小烧杯中，加入 5mL 1% 的草酸，搅拌均匀。用普通漏斗过滤到 100mL 容量瓶中，用蒸馏水洗涤滤渣 3 次，洗液收集到容量瓶中，至溶液体积达到容量瓶的 2/3 容积时，停止洗涤过滤，用蒸馏水定容。从上述容量瓶中准确取 10mL 溶液于 50mL 容量瓶中，用蒸馏水稀释至刻度。

3. 空白溶液的制备

取 5mL 1% 草酸于 100mL 容量瓶中，再从中准确取 10mL 于 50mL 容量瓶中，用蒸馏水定容。

4. 标准曲线绘制

以 243nm 为测定波长，空白溶液为参比溶液，将标准溶液装入比色皿中，按从稀到浓依次测定其吸光度。以吸光度为纵坐标，标准溶液浓度为横坐标，绘制标准曲线。

5. 将样品溶液装入比色皿中，测定其吸光度值。
6. 根据标准曲线，求样品溶液中维生素 C 的浓度。
7. 计算待测水果中维生素 C 的含量。

【思考题】

1. 维生素 C 易氧化，实验操作中应注意什么？
2. 为什么采用石英比色皿，而不用更便宜的玻璃比色皿？

【实验数据】

编　号	0	1	2	3	4	5	样品1	样品2
吸光度								
浓度/mg·L^{-1}								

水果中维生素 C 含量＝ 　　　　　　 mg·$(100g)^{-1}$。

【实验总结】

实验 44　氯离子选择性电极测定水中氯离子的含量

【实验目的】

1. 了解氯离子选择性电极的工作原理。
2. 掌握氯离子选择性电极测量水中氯离子含量的方法。
3. 掌握酸度计测量 mV 值的使用方法。

【实验原理】

离子选择性电极其工作原理是利用膜电势来测定溶液中离子的活度或浓度，当它和含待测离子的溶液接触时，在它的敏感膜和溶液的相界面上产生与该离子活度直接相关的膜电势，利用电位与待测离子含量之间的能斯特关系式可以来测量离子浓度。常见的离子选择性电极包括玻璃电极、卤离子选择性电极等。

氯离子选择性电极的响应膜由 $AgCl$ 和 Ag_2S 沉淀混合物压成的薄片构成，以双液接饱和甘汞电极作为参比电极，分别正确地连接到酸度计。当电极浸入含有氯离子的水溶液中，可以将氯离子活度信号转化成电信号，由酸度计显示出来。其活度与电势的关系可表示为：

$$\varepsilon = K + 0.059 \lg a(Cl^-)$$

氯离子活度与浓度的关系由活度系数决定，测量过程中通过加入适量电解质作为离子强度调节剂，使得活度系数保持一定，以消除其影响。

氯离子选择性电极的测量范围为 $10^{-1} \sim 10^{-5}\, mol \cdot L^{-1}$。

【仪器及试剂】

pHS-3C 型酸度计，氯离子选择性电极，双盐桥饱和甘汞电极，容量瓶（50mL），吸量管（10mL、5mL、2mL），烧杯（100mL），磁力搅拌器。

KCl 标准溶液 $0.1000\, mol \cdot L^{-1}$，$KNO_3$ 溶液（$0.1\, mol \cdot L^{-1}$），待测溶液。

【实验步骤】

1. 氯离子标准溶液的配制

用吸量管分别移取 0.50mL、1.00mL、2.00mL、4.00mL、8.00mL、$0.1000\, mol \cdot L^{-1}$ 的 KCl 标准溶液，置于 50mL 容量瓶中，加 $0.1\, mol \cdot L^{-1} KNO_3$ 水溶液稀释到刻度。

2. 标准曲线的绘制

将仪器安装好并提前预热，酸度计调至 mV 挡。

将配制好的标准溶液放入 100mL 烧杯中，置于电磁搅拌器上，加入磁子搅拌。将氯离子选择性电极和参比电极浸于待测溶液中，按照浓度由低向高分别进行测量，绘制标准曲线。

3. 水溶液中氯离子浓度的测定

分别移取 1mL、2mL 待测溶液，用 $0.1\, mol \cdot L^{-1} KNO_3$ 水溶液稀释至 50mL，重复 2 操

作，得到其电势值，并与标准曲线比较，算出待测溶液的浓度。

【思考题】

1. 为什么采用双液接饱和甘汞电极作参比？
2. 离子选择性电极在工作时为什么要调节离子强度？

【实验总结】

实验 45 膜质谱测定二氧化氯的浓度

【实验目的】

1. 了解二氧化氯的标定方法。
2. 了解膜质谱测定挥发性物质的实验方法。

【实验原理】

二氧化氯是新型、安全、无毒的消毒剂，无"三致"效应（致癌、致畸、致突变），同时在消毒过程中也不与有机物发生氯代反应，生成有毒含氯的消毒副产物。二氧化氯用于水消毒，需控制其浓度为 $0.5\sim1mol\cdot L^{-1}$。由于其具有一定的挥发性，可利用膜质谱直接进水样，检测 $m/z=67$ 处的峰高，用于定量。

在用膜质谱定量前需要对二氧化氯水溶液进行标定。N,N-二乙基对苯二胺（DPD）-硫酸亚铁铵（FAS）滴定法是《生活饮用水标准检验方法》（GB/T 5750—2006）中推荐的标准检验方法，其原理为：水中二氧化氯与 DPD 反应呈红色，加入磷酸盐缓冲液使水样保持中性，用硫酸亚铁铵标准溶液滴定。在此条件下，二氧化氯只能得到 1mol 电子而被还原为 ClO_2^-，从硫酸亚铁铵溶液用量可计算出水样中二氧化氯的质量浓度。水中的游离氯会对该方法产生干扰，可通过加入甘氨酸将其转化为氯化氨基乙酸来消除。DPD-硫酸亚铁酸盐滴定法适用的二氧化氯测定范围为 $0.025\sim9.5mg\cdot L^{-1}$。

【仪器及试剂】

膜质谱分析仪，酸式滴定管（50mL），容量瓶（250mL），锥形瓶（250mL），量筒（100mL、5mL），移液管（10mL），移液枪（500μL）。

磷酸缓冲溶液（pH=6.5），浓硫酸（A.R.），硫酸亚铁铵标准溶液（FAS，$1.000g\cdot L^{-1}$），甘氨酸溶液（$100g\cdot L^{-1}$）。

【实验步骤】

1. 二氧化氯溶液的标定

在一个 250mL 锥形瓶中加入 96.6mL 去离子水和 5mL pH=6.5 的磷酸缓冲溶液，混合均匀；向上述锥形瓶中再加入 2mL 甘氨酸与水样混合；随后加入已被稀释一定倍数的二氧化氯溶液 400μL，进一步混匀；最后向经过甘氨酸处理的水样中加入 5mL 的 DPD 指示剂，混匀后溶液呈红色，用硫酸亚铁铵标准滴定液滴至红色消失为止。

2. 标准曲线的绘制

将仪器安装并预热，选择 SIM 模式，设定 $m/z=67$。

配制好的标准溶液分别稀释 0、2、4、8 和 16 倍，浓度由低向高分别进行测量，绘制标准曲线。

3. 水溶液中二氧化氯溶液浓度的测定

移取 10mL 左右待测溶液，重复 2 操作，得到其峰高，并与标准曲线比较，算出待测溶液的浓度。

【思考题】

1. 二氧化氯与次氯酸作为饮用水消毒剂各有什么优缺点？
2. 膜质谱可以检测的物质主要有哪些？它们具有什么样的结构特点？

【实验总结】

实验 46　自来水和泳池中余氯的测定（DPD/FAS 滴定法）

【实验目的】

1. 学习查找文献关于水中余氯的标准检测方法。
2. 对分析结果进行讨论，并得出实验结论。

【实验设计背景知识】

次氯酸钠是常用的消毒剂，被广泛应用于自来水和泳池水的消毒过程。为控制水中细菌的指标，自来水在管道输送过程中以及泳池水中都要保持一定浓度的余氯。余氯包括游离氯和结合氯两类，通常只有游离氯可以起到消毒作用，结合氯多为有机氯胺，其浓度反映了水中有机胺的含量。因此为保障用水安全必须对余氯进行测定。常用的检测方法为 DPD/FAS 滴定法或者 DPD 比色法，根据实验室现有实验条件，设计取样，选择合适的实验方法对水中余氯进行测定。

【实验要求】

首先查阅相关文献，根据实验室现有条件，自拟实验研究方案（包括实验目的、实验原理、实验仪器与试剂、实验步骤、数据处理等），实验方案经审核合格后方可进行实验。

【思考题】

1. 分析并讨论泳池中有机氯胺的来源？
2. 查阅自来水和泳池中氯浓度的标准，并解释其差异？

【实验总结】

实验 47　茶叶中氟含量的测定（氟离子选择性电极）

【实验目的】

1. 了解氟离子选择性电极的工作原理。
2. 学习设计氟离子选择性电极测量茶叶中氟离子含量的实验方案。
3. 掌握茶叶中氟离子含量测定的方法。

【实验设计背景知识】

氟是自然界常见的元素之一，也是人体内重要的微量元素之一。氟广泛分布于土壤、水、大气以及动植物体内。我国是茶叶种植和消费大国，有着源远流长的茶文化。茶树是一种富氟植物，而其叶片是氟的主要积累器官。在泡茶的过程中，氟会以水溶性氟离子的形式进入茶汤。对饮茶爱好者而言，茶叶中氟含量高低会对人体健康产生较大的影响，因此准确测定常见市售茶叶中的氟含量十分必要。

【实验要求】

首先查阅相关文献，根据实验室现有条件，自拟实验研究方案（包括实验目的、实验原理、实验仪器与试剂、实验步骤、数据处理等），实验方案经审核合格后方可进行实验。

【思考题】

1. 通过文献调研，结合茶叶产地，讨论我国常见产茶区茶叶中氟含量的分布。
2. 除了氟离子选择性电极外，还有哪些方法可以用来测定氟含量？

【实验总结】

实验 48　气相色谱法测定马拉硫磷原药有效成分

【实验目的】

1. 了解气相色谱仪的工作原理。
2. 掌握气相色谱内标定量方法。
3. 掌握马拉硫磷原药中有效成分含量测定及计算方法。

【实验原理】

气相色谱法（gas chromatography，GC）是一种以气体为流动相、以固体或液体为固定相的色谱法，分为气固色谱法和气液色谱法，主要利用被分离物质沸点、极性以及吸附性等性质差异实现对混合物的分离。气相色谱的特点：①高选择性，能够分离理化性质极为相似的组分；②高效能，可达 100 万个塔板数；③检测限低，检测下限可达到 $10^{-12} \sim 10^{-14}$ g；④分析速度快，一般分析只需要几分钟到几十分钟，且操作非常方便；⑤应用范围广，在 $-196 \sim 450$℃的范围内，能够汽化且热稳定性好、相对分子质量小于 1000 的气体或液体，均可以用气相色谱法分析。

马拉硫磷是一种高效、低毒、残效期短的化学杀虫剂，马拉硫磷原药和农药残留量分析主要采用气相色谱法。

【仪器及试剂】

Agilent GC6890（FID），色谱柱（15m×0.53mm HP-5 毛细管柱），电子天平（百分之一、万分之一），容量瓶（10mL、50mL）。

丙酮（A.R.），磷酸三苯酯（C.P.），马拉硫磷标样（纯度为 99.0%），马拉硫磷原药（纯度≥95%）。

色谱条件：载气（氮气）10mL·min^{-1}，补充气 30mL·min^{-1}，氢气 30mL·min^{-1}，空气 300mL·min^{-1}；进样口温度 260℃，检测器温度 260℃；柱温 200℃保持 2min，随后以 10℃·min^{-1}升高到 220℃，保持 1min，再以 30℃·min^{-1}升高到 250℃，保持 3min；进样量 1μL。

【实验步骤】

用马拉硫磷标样配制成一系列浓度，采用气相色谱法进行分析；同样，测定马拉硫磷原药样品，以磷酸三苯酯为内标，对马拉硫磷原药样品进行含量分析。

1. 内标的配制

称取 0.0500g（精确到 0.0002g）内标物质磷酸三苯酯，用丙酮溶解后，转移至 50mL 容量瓶中，用丙酮定容、充分摇匀后备用。

2. 马拉硫磷标准溶液的配制

称取 0.0500g（精确到 0.0002g）马拉硫磷标样，用丙酮溶解后，转移至 50mL 容量瓶中，用丙酮定容，充分摇匀。分别移取一定体积标准溶液于 5 个 10mL 容量瓶中，分别加入 1.5mL 磷酸三苯酯内标溶液，用丙酮稀释并定容，充分摇匀后备用。所配制的标准溶液的浓度分别为 50mg·L^{-1}、100mg·L^{-1}、150mg·L^{-1}、200mg·L^{-1} 及 250mg·L^{-1}。

3. 马拉硫磷原药样品溶液的配制

称取马拉硫磷原药样品 1.5mg，用丙酮溶解后转移至 10mL 容量瓶中，加入 1.5mL 磷酸三苯酯内标溶液，用丙酮稀释并定容，充分摇匀后备用。

4. 分析测定

仪器稳定后，进马拉硫磷标准溶液或其原药样品溶液进行测定，重复进样，直到相邻两次测定峰面积相差小于 2%。

5. 方法的线性范围

分别测定一系列不同浓度的马拉硫磷标准溶液，确定方法的线性范围。

6. 计算

分别测定马拉硫磷标样及原药样品的峰面积（$A_{标/内}$ 及 $A_{样/内}$），以内标法计算马拉硫磷原药样品中有效成分的含量（x）：

$$x = \frac{A_{样/内} M_{标} P}{A_{标/内} M_{样}} \times 100\%$$

式中，P 为标准样品的质量分数（一般为 99%）。

7. 结果

① 方法的线性范围：以 5 个浓度梯度的马拉硫磷标准溶液线性范围测定结果作图，得到回归曲线。

② 马拉硫磷原药中有效成分的含量：以内标法计算马拉硫磷原药样品中有效成分含量（x）。

【思考题】

1. 气相色谱的分离原理是什么？

2. 本实验中所用检测器是哪种？

3. 气相色谱定量分析的方法有哪几种？内标法定量应注意什么？

【实验数据】

气相色谱法测定马拉硫磷有效成分实验报告单

班级＿＿＿＿＿＿ 姓名＿＿＿＿＿＿ 学号＿＿＿＿＿＿ 合作者＿＿＿＿＿＿ 日期＿＿＿＿＿＿

色谱柱规格 载气 检测器 色谱仪		色谱柱温度/℃ 载气流速/mL·min^{-1} 检测器温度/℃ 进样口温度/℃ 进样量/μL	
定量分析	马拉硫磷原药		
保留时间 t_R/min			
定量结果/%			

【实验总结】

实验49　气相色谱法测定伤痛平膏中水杨酸甲酯

【实验目的】

1. 学习气相色谱分析方法的建立过程。
2. 掌握气相色谱仪的结构、原理和使用方法。
3. 了解气相色谱仪中检测器的分类以及各种检测器的使用范围。
4. 掌握气相色谱分析结果的处理方法。

【实验原理】

1. 伤痛平膏成分

伤痛平膏是由辣椒流浸膏、水杨酸甲酯、薄荷脑及透骨草、延胡索等中药提取物组成的复方制剂，具有活血散瘀，止痛解痉作用。用于急、慢性扭挫伤，软组织劳损，风湿性关节痛等症状。水杨酸甲酯、薄荷脑、辣椒素作为方中主要成分，均具有挥发性，文献中对该三种成分的含量测定多采用气相色谱法。

2. 色谱基本原理

当气化的组分与气相和固定涂层相共存时，根据组分对两相相对吸附性能的不同而在两相间进行分配。此吸附性能可以是溶解度、挥发性、极性、特殊的化学相互作用或其他任何存在于样品组分间的性质差异。如果一相是固定的涂层，而另一相是流动的，载气组分将会以比流动相慢的速度迁移，迁移速度慢的程度取决于相互作用的大小；如果不同组分有不同的吸附性能，它们将会随时间而得到分离。

3. 色谱柱类型

毛细管柱是将固定相涂在管内壁的开口管，其中没有填充物，毛细管柱的内径从$0.1mm$到$0.5mm$，典型的柱长是$30m$。

在填充柱内，固定液被涂在粒度均匀的载体颗粒上，以增大表面积，减少涂层厚度。涂好的填料被填充在金属玻璃或塑料管内。载气流速如下表所示。

		载气流速		mL·min^{-1}
类型	直径	氢气	氦气	氮气
填充柱	1/8in[①]	30	30	20
填充柱	1/4in	60	60	50
毛细管柱	0.05mm	0.2～0.5	0.1～0.3	0.02～0.1
毛细管柱	0.1mm	0.3～1	0.2～0.5	0.05～0.2
毛细管柱	0.2mm	0.7～1.7	0.5～1.2	0.2～0.5
毛细管柱	0.25mm	1.2～2.5	0.7～1.7	0.3～0.6
毛细管柱	0.32mm	2～4	1.2～2.5	0.4～1.0
毛细管柱	0.53mm	5～10	3～7	1.3～2.6

① 1in＝0.0254m。

【实验要求】

自拟气相色谱分析水杨酸甲酯的实验方案，将实验目的、原理、主要仪器及试剂、实验步骤、注意事项、误差来源及消除、结果处理、参考文献等项书写成文，交给指导教师审阅，经审核合格后进行实验。

【思考题】

1. 气相色谱与液相色谱相比，有何优缺点？
2. 浓度型检测器和质量型检测器在处理数据时的区别有哪些？
3. 气相色谱仪的进样方式有哪几种？各有什么特点？
4. 什么是"鬼峰"，什么原因可能导致出现"鬼峰"？

【实验总结】

实验50 高效液相色谱法分离几种水溶性维生素

【实验目的】

1. 了解高效液相色谱仪的工作原理。
2. 掌握高效液相色谱法分离几种水溶性维生素的步骤及条件。
3. 掌握内标法定量方法。

【实验原理】

高效液相色谱法原理参见第3章3.4.1内容。

【仪器及试剂】

Agilent LC1100[可变波长扫描紫外检测器（VWD），波长范围190~600nm]。

色谱柱：Lichrosorb NH_2 250mm×4.6mm，$10\mu m$。

流动相：$0.005mol \cdot L^{-1}$ KH_2PO_4：乙腈＝25：75。

检测波长：254nm，进样量$10\mu L$。

乙腈（A.R.），KH_2PO_4（A.R.），去离子水，维生素 B_1、维生素 B_6 及维生素 B_{12}（A.R.）。

【实验步骤】

采用反相高效液相色谱法，以氨基键合固定相和乙腈-KH_2PO_4-水三元极性流动相，对结构、分子量、极性不同的三种维生素——维生素 B_1、维生素 B_6 及维生素 B_{12} 显示出不同的静电力和氢键力，使得这三种物质具有不同的色谱保留时间，从而达到理想的分离。

1. 内标及标准溶液的配制

用流动相配制内标溶液，每$10\mu L$溶液中含维生素 B_1、维生素 B_6 及维生素 B_{12} 分别为1200ng、1300ng 及 500ng，进一步分别稀释至原浓度的 1/2、1/3、1/4、1/5，备用。其中维生素 B_1 是实验中所选用的内标。

2. 混合样品的配制

将一定量的维生素 B_6 和维生素 B_{12} 溶于流动相中，向其中加入内标物维生素 B_1（$0.1mg \cdot L^{-1}$），充分摇匀后备用。

3. 分析测定

① 准备配制流动相（$0.005mol \cdot L^{-1}$ KH_2PO_4：乙腈＝25：75）1000mL，混合均匀后用$0.45\mu m$滤膜过滤。脱气后加入储液瓶中。

② 按照仪器操作程序步骤开机，设定流速、检测波长、柱温等参数，基线平稳后进样，采集数据。

4. 方法的线性范围

对一系列不同浓度的标准溶液进行测定，以内标法测定标样及待测样本的峰面积，确定方法的线性范围。

5. 测定结果

① 根据 5 个不同浓度的标准溶液线性范围测定结果作图，得到回归曲线。

② 测定几种水溶性维生素的含量，测定混合样品中相应成分的含量。

【思考题】

1. 高效液相色谱的分离原理是什么？

2. 本实验中所用检测器是什么？为什么采用这种检测器？

3. 能否用气相色谱分离测定维生素 B_1、维生素 B_6 及维生素 B_{12}？为什么？

【实验数据】

高效液相色谱法分离几种水溶性维生素实验报告单

班级＿＿＿＿＿ 姓名＿＿＿＿＿ 学号＿＿＿＿＿ 合作者＿＿＿＿＿ 日期＿＿＿＿＿

色谱柱规格 固定相 流动相 检测波长/nm		色谱柱温度/℃ 进样量/μL 流动相速度/mL·min^{-1} 仪器		
测试物	维生素 B_1	维生素 B_6		维生素 B_{12}
保留时间 t_R/min				
混合试样定量结果/mg·L^{-1}				

【实验总结】

实验 51　高效毛细管电泳分离核苷酸

【实验目的】

1. 理解毛细管电泳的基本原理。
2. 了解毛细管电泳仪的结构。
3. 熟悉毛细管电泳仪的操作。
4. 了解影响毛细管电泳分离的主要操作参数。

【实验原理】

毛细管电泳（CE）原理参见第 3 章 3.5.1 内容。毛细管电泳由于其高效分离、快速分析、微量进样、灵敏度高和低成本的特点，已经成为各个领域分析的重要手段。

核苷酸是核酸的基本结构单位，由核苷和磷酸组成，是 DNA 和 RNA 的起始物和断裂产物（组成 DNA 的核苷酸是脱氧核糖核苷酸，组成 RNA 的核苷酸是核糖核苷酸）。作为一类非常重要的生物物质，核苷酸几乎参与细胞的所有生化过程，其含量高低与癌症以及一些遗传疾病有关，一些核苷酸的类似物是治疗艾滋病、癌症的有效药物。

由于核苷酸在生命活动中的重要作用，人们对核苷酸的分离、测定等产生了极大的兴趣，核苷酸的分析广泛应用于生物化学、药学、农业等领域中。在核苷酸的分离测定方法中，高效液相色谱（HPLC）和高效毛细管电泳（HPCE）使用较为广泛。其中，HPCE 由于其高效、快速、进样量小等特点，越来越受到人们的重视。

【仪器及试剂】

CAPEL-105 型高效毛细管电泳仪（俄罗斯刘梅克斯公司）；石英毛细管柱：$50\mu m$ i. d. ，$375\mu m$ o. d. ，总长度 60cm，有效长度 40cm（河北省永年锐洋色谱器件有限公司）；pHS-3C 型酸度计（上海雷磁仪器厂），烧杯，玻璃棒，容量瓶，带刻度的试管，滴管。

核苷酸标准样品（生物试剂）：肌苷酸（IMP），鸟苷酸（GMP），腺苷酸（AMP），胞苷酸（CMP），尿苷酸（UMP）。

NaOH（$0.1mol \cdot L^{-1}$、$1.0mol \cdot L^{-1}$），盐酸，二次蒸馏水，Na_2CO_3-$NaHCO_3$ 缓冲溶液（$20mmol \cdot L^{-1}$，缓冲溶液用 $1.0mol \cdot L^{-1}$ NaOH、HCl 调节至所需 pH 值）。

【实验步骤】

1. 溶液配制

核苷酸混合标准溶液：五种核苷酸浓度均为 200×10^{-6}，用缓冲溶液配制，微孔滤膜过滤，储存在冰箱中备用。

2. 仪器操作

毛细管电泳工作条件：检测波长 254nm；进样时间 10s；室温。采用自动进样。仪器使用及程序编辑等请参看仪器操作说明书。

毛细管冲洗：实验前先用 $0.1mol \cdot L^{-1}$ NaOH 冲洗毛细管 5min，再依次用二次蒸馏水和缓冲溶液冲洗 2min。每两次运行之间依次用 0.1mol·L⁻¹ NaOH、H₂O、缓冲溶液冲洗 2min。

谱峰定性：当混合标准溶液各组分达到基线分离时，分别提高各单组分物质的浓度，根据其峰高的相应变化对谱峰进行定性。

3. pH 值对分离的影响

调节 20mmol·L⁻¹ Na₂CO₃-NaHCO₃ 缓冲溶液 pH 值，在 8.5～10.0 之间每隔 0.5 个 pH 值单位，考察对化合物迁移时间的影响，选择混合核苷酸分离最佳的 pH。

4. 分离电压对分离的影响

在最佳 pH 值条件下，考察分离电压对混合核苷酸分离的影响。在 14～20kV 内，电压每隔 2kV，考察对化合物迁移时间的影响，选择混合核苷酸分离最佳的分离电压。

5. 在优化条件下分离核苷酸

在上述最佳 pH 值和最佳分离电压的优化条件下，分离混合核苷酸，获得最佳分离效果。

【注意事项】

1. 进行毛细管冲洗时禁止在毛细管上加分离电压。
2. 毛细管的冲洗是影响实验结果可靠性和重现性的重要因素，一定要认真完成。
3. 为了防止毛细管堵塞，实验完成后必须要用水淋洗毛细管，最后完成者还要用空气吹干毛细管。

【思考题】

1. 毛细管电泳的分离原理是什么？
2. 为什么核苷酸的分离效果会与溶液的 pH 值有关？
3. 分离电压是如何影响分离效果的？

【实验总结】

实验52 基于离子液体的分散液-液微萃取技术在自来水农药残留分析中的应用

【实验目的】

1. 了解离子液体的基本性质、特点和重要应用前景。
2. 掌握液-液微萃取用于农药残留分析的基本原理和操作。
3. 熟悉高效液相色谱仪的使用。

【实验原理】

随着农业生产的发展，农药在作物病虫害综合治理中的应用大大地提高了农作物的产量，但随着农药的大量和不合理的使用，对环境造成的污染已经引起了全世界人们的关注。目前农药残留问题已成为制约农产品安全的首要因素之一。

农药的残留量检测属于痕量分析，通常需要采用高灵敏度的检测仪器才能实现。农药品种多，化学结构和性质各异，待测组分复杂，有时还要检测其有毒代谢物、降解物、转化物等。尤其是近几年，高效农药品种不断出现，残留在农产品和环境中的量很低，国际上对农药最高残留限量的要求也越来越严格，给农药残留检测技术提出了更高的要求。分析仪器的不断发展提高了样品分析的速度和灵敏度，但大部分分析仪器都无法直接测定样品基体中的待测物。这些待测物大都需要经过一系列的分离、净化、富集，转化成适合仪器分析的形态方可测定。

样品前处理过程在农药残留分析过程中占有重要的地位。传统的样品前处理技术，如液-液萃取、沉淀和过滤等，存在操作烦琐耗时、需要使用大量对人体和环境有毒或有害的有机溶剂、劳动强度大、时间周期长、难以实现自动化等缺点。目前农药残留分析的前处理技术向着微量化、自动化、无毒化、快速化和低成本方向发展，尽可能地避免样品因转移而损失，减少各种人为因素的偶然误差，为先进的分析方法和现代的测试仪器与技术提供可靠的分析样品。发展省时高效、有机溶剂用量少的样品前处理新技术，已成为农药残留分析研究的热点领域之一。

液-液萃取是最为常用的样品前处理技术。尽管这种萃取方法因其重复性高、选择性好、样品处理量大而普遍使用，但操作步骤烦琐、处理时间长、难以实现自动化，无法适应现代仪器分析速度快、灵敏度高的要求。而且液-液萃取过程中使用大量有机溶剂并易产生乳化现象，严重制约了液-液萃取方法的发展和应用。为了实现样品前处理的自动化、在线检测以及尽量减少有机溶剂的使用，近年来发展了多种微萃取技术，液相微萃取（liquid phase micro-extraction，LPME）技术是最近几年才提出的一种萃取方法。该技术是在传统的液-液萃取（liquid-liquid extraction，LLE）的基础上发展起来的。与液-液萃取相比，LPME可以提供与之媲美的灵敏度，甚至更佳的富集效果，同时，LPME技术集采样、萃取和浓缩于一体，灵敏度高，操作简单，仅需要简单的仪器设备就可以完成。随着LPME技术的不断发展与改进，这种新型的萃取方法已成为现代仪器分析领域中一种非常重要的样品前处理技术，在生物样品、食品，废水检测，环境分析和药物分析中有广泛的应用和研究。

分散液-液微萃取（dispersive liquid-liquid micro-extraction，DLLME）是 2006 年由 Assadi等提出的一种新型少溶剂的样品前处理技术，它是目前液相微萃取技术中的一个重要方法。该方法利用注射器将微量的萃取溶剂（如氯仿、四氯化碳等）和分散剂（如丙酮、乙腈等）快速地加到一定量水样中，在水样中形成了一种雾状溶液，这时萃取溶剂以极小的液滴形式分散到了水中。小液滴的形成，极大地提高了萃取溶剂和样本的接触面积，从而提高了萃取效率，缩短了萃取时间，只用几十秒的时间就可以达到萃取平衡。萃取结束后，通过离心的方式可以将小液滴离心到离心管的底端（图 4-1）。

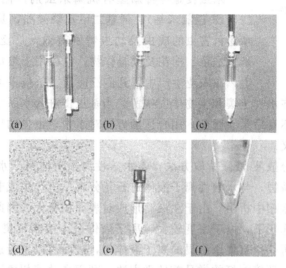

图 4-1　DLLME 的示意图

（a）加入分散剂和之前的状态；（b）开始加入分散剂和萃取溶剂；
（c）分散剂和萃取溶剂加入完毕；（d）1000 倍的光学显微镜下的图片；
（e）离心后的状态；（f）沉淀相放大图

该方法最大的特点是操作简单，富集倍数高，同时该方法极大地提高了微萃取的绝对回收率。该方法集分离和富集于一体，操作简便快速，避免了常规液-液萃取过程中大量有机溶剂的使用，是一项环境友好的样品前处理新技术，适应了当前绿色化学发展的需要；同时很好地消除了萃取过程中待分析物携带的干扰成分。该方法特别适合于环境样品中痕量、超痕量污染物的测定，是目前微量样品前处理技术研究的热点之一。

值得注意的是，液相微萃取技术虽然有诸多的优点，但仍然存在很多局限性，特别是存在传统有机溶剂易挥发、测定灵敏度较低、萃取效率和方法的重复性较差等缺点。考虑到离子液体特殊的溶解性能以及它的性质可以通过改变其分子的结构进行调节的特点，可以将其作为一种特殊的绿色溶剂来取代液相微萃取技术中使用的传统有机溶剂，研究基于离子液体的液相微萃取技术有着重要的研究价值和良好的应用前景。

离子液体是近年来发展起来的绿色溶剂，本身具有无毒、低挥发、黏度大等优点，已广泛用于萃取、色谱等分析领域中。离子液体一般是由特定的体积相对较大的、结构不对称的有机阳离子与无机或有机阴离子构成的，在室温或近室温下呈液态的物质。离子液体具有如下主要特点：①液体状态温度范围广；②蒸气压小、不易挥发、不可燃、毒性小；③对有机物和无机物都有良好的溶解性；④导电性能好，具有较宽的电化学窗口。其特殊的结构及理化性质使离子液体在有机合成、催化、电化学及分析化学等方面都有极广泛的研究。

将离子液体用作 DLLME 技术的萃取溶剂，能够充分发挥离子液体作为新型、可设计绿色溶剂及液相微萃取作为新型前处理技术的优势，为有机污染物的分析提供可靠、高效的前处理方法。特别是在农药残留分析中，农药分子种类繁多，分子性质各异，可以充分发挥离子液体可设计性、不易挥发性、种类繁多的特点，将其应用于环境有机污染物质的分离分析时，可以有效地克服传统有机溶剂挥发性强、毒性大、对环境危害严重等问题，实现整个过程的绿色化、环境友好化。

杀虫畏

杀虫畏是一种新型有机磷杀虫剂，化学名称是(顺)-2-氯-1-(2,4,5-三氯苯基)乙烯基二甲基磷酸酯，是一种叶面杀虫剂，对鳞翅目害虫的成虫及幼虫特别有效，广泛用于水果、蔬菜、玉米、水稻、棉花及饲料作物，也可用于粮食与纺织品保存和林业上，在农业生产中得到广泛应用。杀虫畏可通过多种途径进入土壤系统和水系统，会在水、土壤和生物体内残留。当杀虫畏进入水系统时，会对水生生物造成威胁，对环境造成不良后果。因此，用合适的方法对水中杀虫畏的残留含量进行分析，对环境保护具有重要意义。

本实验采用原位分散液-液微萃取方法，将水溶性离子液体溶于水中形成均一体系，加入双三氟甲烷磺酰亚胺锂，与水溶性离子液体进行复分解反应，生成非水溶性离子液体，以极微小的液滴形式从水相中析出。由于在液滴形成时表面积极大，因此能实现对杀虫畏残留的高效萃取。在离心作用下，由于密度较大，离子液体微小液滴聚集，与水形成两相体系。通过简单的分液，即可获得富集杀虫畏的离子液体相，进而可以直接进行色谱分析。实验建立了一种快速、可靠、环境友好的样品前处理方法，利用高效液相色谱对水样中的杀虫畏残留进行了分析。

高效液相色谱法原理参见第 3 章 3.4.1 内容。本实验采用反相高效液相色谱法(RP-HPLC)，使用商品化的色谱柱 (C_{18}柱)，采用甲醇和水的混合溶液为流动相，实现了杀虫畏的残留分析。

【仪器及试剂】

1200 高效液相色谱仪，VWD 检测器 (美国 Agilent 公司)，Mettler-Toledo AL104 电子天平，离心机。

色谱柱：Agilent Eclipse Plus C_{18}柱 ($5\mu m$，$4.6mm\times250mm$)；流动相为甲醇∶水 = 77∶23 (体积比)；流速 $1mL\cdot min^{-1}$；进样量 $10\mu L$；检测波长 $240nm$。

杀虫畏，1-辛基-3-甲基咪唑氯盐 ($[C_6MIM]Cl$)，双三氟甲烷磺酰亚胺锂 ($LiNTf_2$)，甲醇 (色谱纯)，乙腈 (色谱纯)，氯化钠 (A. R.)。

【实验步骤】

1. 溶液配制
用甲醇配制浓度为 $2mg\cdot mL^{-1}$ 的杀虫畏标准储备溶液，避光保存于冰箱内。
用甲醇稀释标准储备液配制 $100mg\cdot L^{-1}$ 和 $200\mu g\cdot L^{-1}$ 标准溶液。
配制浓度为 $0.03g\cdot mL^{-1}$ 的 $LiNTf_2$ 溶液。

2. 绘制工作曲线
(1) 标准曲线的绘制：将已配好的 $100mg\cdot L^{-1}$ 杀虫畏标准溶液移取适量至离心管中，

用甲醇稀释为 1mg·L⁻¹、5mg·L⁻¹、10mg·L⁻¹、20mg·L⁻¹、50mg·L⁻¹、100mg·L⁻¹ 的系列杀虫畏标准溶液各 8mL，分别取 10μL 进行 HPLC 分析，记录数据。

（2）工作曲线的绘制：取适量已配好的 200μg·L⁻¹ 的杀虫畏标准溶液至离心管中，纯净水稀释为 5μg·L⁻¹、10μg·L⁻¹、20μg·L⁻¹、50μg·L⁻¹、100μg·L⁻¹、200μg·L⁻¹ 的一系列杀虫畏标准工作溶液 8mL，加入盛有 0.027g [C₆MIM]Cl 离子液体的锥形管中，待离子液体完全溶解后，加入 1280μL 的 LiNTf₂ 溶液，可观察到体系中产生雾状溶液。摇动锥形管 30s，以 3500r·min⁻¹ 转速离心 10min，取出锥形管可观察到溶液分为两层，上层为水相，下层为离子液体相。用注射器小心吸出上部水层，锥形管底部大约剩余 25μL 离子液体，取 10μL 直接进样进行 HPLC 分析（见图 4-2）。

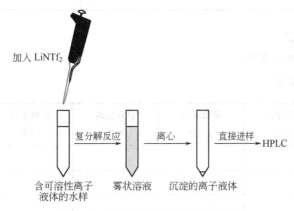

图 4-2　原位分散液-液微萃取过程

3. 准备样品

自来水样的准备：所取自来水样需经 0.45μm 滤膜过滤后使用。

加标水样的准备：取适量自来水样配成浓度为 20μg·L⁻¹ 的工作溶液，避光冷藏备用。

4. 样品萃取过程

取 0.027g [C₆MIM]Cl 离子液体于玻璃锥形管中，加入 8mL 水样，摇晃锥形管直至离子液体完全溶于水中，加入 1280μL 的 LiNTf₂ 溶液后体系产生雾状溶液。摇晃锥形管 30s 后，以 3500r·min⁻¹ 转速离心 10min，用注射器小心吸出上部水层，锥形管底部大约有 25μL 离子液体，取 10μL 进行 HPLC 分析。重复两次。

5. 回收率

用加标水样代替水样，重复上述萃取过程，重复两次。获得的数据进行整理后进行相对标准偏差（RSD）计算。

【思考题】

1. 分散液-液微萃取技术有哪些优点？
2. 离子液体有哪些特点？
3. 简要概括原位分散液-液微萃取的过程。

【实验数据】

1. 标准曲线的绘制
（1）标准溶液液相色谱图

（2）标准曲线绘制

预配浓度 c/mg·L^{-1}	实际浓度 c/mg·L^{-1}	保留时间 t_R/min	峰面积
1			
5			
10			
20			
50			
100			

2. 工作曲线的绘制

（1）标准溶液液相色谱图

（2）工作曲线的绘制

预配浓度 c_1 /μg·L^{-1}	实际浓度 c /μg·L^{-1}	保留时间 t_R/min	稀释后峰面积	稀释前峰面积	离子液体体积 V_{sed} /μL
5.00					
10.0					
20.0					
50.0					
100					
200					

3. 实际样品的液相色谱图

（1）自来水

（2）加标自来水

【方法评价】

1. 精密度（RSD）的计算

$$\mathrm{RSD}=\frac{s}{\bar{x}}$$

式中，RSD 为相对标准偏差；s 为标准偏差；$\bar{x}$ 为平均值。

2. 富集倍数及回收率的计算

$$\mathrm{EF}=\frac{c_{sed}}{c_1}$$

$$R=\frac{c_{sed}V_{sed}}{c_1 V_1}\times 100\%=\mathrm{EF}\times\frac{V_{sed}}{V_1}\times 100\%$$

式中，EF 为富集倍数；R 为回收率；c_{sed} 为离子液体中杀虫畏浓度；c_1 为水样中杀虫畏浓度；V_{sed} 为离心后离子液体的体积；V_1 为水样体积。

浓度 $c_1/\mu g \cdot L^{-1}$	浓度 $c_{sed}/mg \cdot L^{-1}$	富集倍数 EF	回收率 $R/\%$
5.00			
10.0			
20.0			
50.0			
100			
200			

3. 样品检出情况

项目	标号	峰面积	浓度 $c_{sed}/mg \cdot L^{-1}$	添加回收率 $R'/\%$
自来水	1			
	2			
自来水中含 $20\mu g \cdot L^{-1}$ 杀虫畏	1			
	2			

4. 方法评价

农药名称	线性范围 $/\mu g \cdot L^{-1}$	线性工作曲线	R^2	LODs $/\mu g \cdot L^{-1}$	精密度/%	富集倍数	回收率/%
杀虫畏							

【实验总结】

实验 53　低共熔溶剂-离子液体连续液相微萃取在茶汤农药残留测定中的应用

【实验目的】

1. 了解低共熔溶剂、离子液体的基本性质、特点和重要应用前景。
2. 掌握液相微萃取前处理技术用于茶汤中农药残留分析的基本原理和操作。
3. 熟悉高效液相色谱仪的使用。

【实验原理】

　　茶树是我国一种传统的经济树种和饮料作物，茶叶作为世界公认的天然健康饮品，是世界三大无醇饮料（茶、咖啡和可可）之一，同时也是一种重要的中药材。中国是茶叶的故乡，是最早发现和使用茶叶的国家，有着历史悠久的茶文化。人工栽培的茶叶在我国已有上千年历史，目前，我国是世界上最大的茶生产国、消费国和贸易国。在茶叶种植过程中，为保障茶叶的生产总量高和品质优良，通常使用农药来达到治理病虫害的目的[1]。农药的大量和不合理使用，会导致茶叶中的农药残留问题。农药残留超标会影响消费者的健康，对环境造成污染。随着人们生活水平的不断提高和健康意识的不断增强，茶叶质量安全已成为社会普遍关注的食品安全问题。同时我国作为茶叶出口大国，也会直接影响我国在国际贸易市场上的竞争力[2]。开展对茶叶质量安全的研究，对茶叶中的农药残留进行检测与分析具有重要的实际意义。

　　农药残留量检测需要采用高灵敏度的检测仪器才能实现，而大部分分析仪器都无法直接测定实际样品中的农药残留，样品在检测前大都需要经过一系列的分离、净化、富集等合适的样品前处理过程[3]。传统的样品前处理技术，存在操作烦琐耗时，需要使用大量对人体和环境有毒或有害的有机溶剂，劳动强度大，操作周期长，难以实现自动化等缺点[4]。因此开发安全、绿色而高效的样品前处理手段成为农药残留检测的发展方向。

　　原位生成离子液体液相微萃取（in-situ ionic liquid liquid-phase microextraction，in-situ IL-LPME）是近年来发展起来的一种快速、可靠、环境友好的样品前处理方法，它可以利用可溶性离子液体的复分解反应形成不溶于水的极为微小的液滴，大大增加了萃取剂与溶液的接触面积，有效提高了传质速率，并且由于离子液体是一种绿色安全的有机盐类，具有蒸气压低、不易燃、液体范围宽等特点，可避免有机溶剂的挥发损失及对人体健康和环境的危害。其与分散液-液微萃取相结合连续使用，可以有效地弥补因手动操作带来的萃取剂乳化不完全造成的回收率降低的问题[5,6]。三丁基十二烷基溴化鏻（$P_{44412}Br$）是一种常温下呈液态的离子液体，具有导电性良好，蒸气压极低，绿色安全等传统离子液体的优点，具有一定的表面活性作用，也可以辅助 DLLME 中萃取剂的乳化分散，提高萃取剂与水相的接触面积，与 KPF_6 发生反应后产生的 $[P_{44412}][PF_6]$ 也是一种对农药具有萃取效果的离子液体，其可与萃取剂一起分离出来，低温后固化，有助于回收率的提高及分离操作的简便。

　　拟除虫菊酯类农药是一类具有较高杀虫活性、能在环境中快速降解并且对于哺乳动物毒性低的农药品种，在控制卫生害虫和仓储害虫方面有着广泛的应用[7,8]，是目前所使用的主流农药品种之一。然而，近些年来的一些研究表明，菊酯类农药的大量使用同样会造成危害，例如溴氰菊酯等对鱼具有高毒性，因为除了醚菊酯之外都不能在水稻田中使用。欧盟规定蔬菜中拟除虫菊酯类农药的最大残留量不能超过 $0.01\sim0.2$ mg·kg^{-1}。因此，开发更加高效便利的样品前处理方法以及具有更低检出限的拟除虫菊酯类农药残留检测方法是目前迫切需要解决的重大问题之一[9]。联苯菊酯和甲氰菊酯也是其中的典型代表，其在茶树种植过程中也有广泛的使用。

本实验采用将低共熔溶剂与 DLLME、in-situ IL-LPME 联合使用，并结合高效液相色谱法应用于茶水浸出液中拟除虫菊酯类农药的检测中（见图4-3）。低共熔溶剂（DESs）是一类新型的、低成本、可生物降解的绿色溶剂，具有和离子液体相似的理化性质，如可忽略不计的蒸气压，相对较宽的液体范围，不易燃和良好的对有机物、无机物的溶解能力[10]。研究发现将离子液体和低共熔溶剂应用于 DLLME 中继承了传统 DLLME 技术操作简单、分析时间短、灵敏度高等优点，非常适合环境样品中痕量、超痕量污染物的测定[11]。在新方法中还充分发挥了离子液体和低共熔溶剂的优势，能避免由于使用有毒易挥发有机溶剂对环境和操作人员造成的危害。从而结合二者优势提高农药的回收率，该方法操作简单，耗时较短，有机溶剂消耗极少，具有绿色安全和高效的优点，经验证其可以良好地应用于茶水浸出液中菊酯类农药的萃取分离，为实现对茶汤中菊酯类农药残留快速、经济、高效检测提供了新方法。

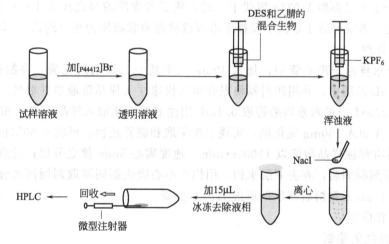

图 4-3　DLLME 与 in-situ IL-LPME 联合使用示意图

【仪器及试剂】

仪器：Agilent 1260 型高效液相色谱仪（美国 Agilent 科技有限公司）；HC-3018 高速离心机（安徽中科中佳科学仪器公司）；电子分析天平；HHS 型电热恒温水浴锅（上海博迅实业有限公司医疗设备厂）；MS-H-S 加热型磁力搅拌器（美国 SCILOGEX 公司）；Vortex-Genie 2 涡旋振荡器（美国 Scientific Industries 公司）。

试剂：溴氰菊酯，醚菊酯，联苯菊酯，甲氰菊酯标准品（上海阿拉丁生化科技股份有限公司）；十二醇（东京化成工业株式会社，日本）；三丁基十二烷基溴盐，1-十六烷基-3-甲基咪唑溴盐（中国科学院兰州化学物理研究所）；氯代十二烷，六氟磷酸钾（上海阿拉丁生化科技股份有限公司）；氯化钠（国药集团化学试剂有限公司）；乙腈（Fisher Scientific 公司，美国）；甲醇（美国 Sigma-Aldrich 公司）；甲醇、乙腈为色谱纯，其他试剂均为分析纯。去离子水（使用 Milli-QSP 试剂水系统获得）。

色谱条件：色谱柱，Venusil XBP C_{18} 色谱柱（$4.6 \times 250mm$，$5\mu m$）；流动相，甲醇：水（83：17，体积比）；流速：$0.9mL \cdot min^{-1}$；柱温为 $30℃$。将 230nm 设定为拟除虫菊酯杀虫剂的 VWD 波长。

【实验步骤】

1. 标准溶液的配制

称取溴氰菊酯、醚菊酯、联苯菊酯、甲氰菊酯标准品各 10mg，以乙腈为溶剂分别配制成浓度为 $2000mg \cdot L^{-1}$ 的单一标准溶液 5mL，再混合稀释 4 种农药得浓度为 $10mg \cdot L^{-1}$ 的混合标准溶液，置于 $4℃$ 冰箱中保存。$5\mu g \cdot L^{-1}$、$10\mu g \cdot L^{-1}$、$50\mu g \cdot L^{-1}$、$100\mu g \cdot L^{-1}$ 和 $500\mu g \cdot L^{-1}$ 系列混合工作曲线由储备液用纯净水逐级稀释而成。

2. 茶水样品的制备

该方法参照国家标准 GB/T 23776—2018。所有茶水样品都以相同的方式处理。首先，在烧杯中称量 3g 茶叶，并向其中倒入 150mL 沸水。浸泡时间为 5min。然后，将 1-十六烷基-3-甲基咪唑溴盐的饱和溶液（25℃）加入茶饮料中，直至沉淀物不再增加，得上清液。

3. 低共熔溶剂（DES）的制备

称取 2.795g 十二醇和 1.024g 氯代十二烷，使二者物质的量之比为 1：3（氯代十二烷：十二醇）。将二者混合后于常温下搅拌至形成澄清透明状液体为止（约需要 15min）。

4. 样品前处理

取 5mL 茶水样品于离心管中，加入 10mg 三丁基十二烷基溴化膦。将制得的 DES 取 $50\mu L$ 溶于 $150\mu L$ 乙腈中，并用注射器将混合溶液快速注入样品溶液中并混匀。其后将实现配制的浓度为 $20g \cdot L^{-1}$ 的六氟磷酸钾取 0.4mL 用注射器快速加入样品，放入 $50℃$ 恒温水浴中保温 5min，并加入 160mg 氯化钠，实现二次萃取和破乳过程。再放入 $50℃$ 恒温水浴中保温 2min，之后将浑浊样品溶液以 $11000r \cdot min^{-1}$ 速度离心 5min 使之分层；后放入冰箱冷冻 20min，待萃取剂凝固后，弃去下层水相，用棉签小心吸去凝固萃取剂周围水分后，通过微量进样器用约 $15\mu L$ 乙腈溶解萃取剂后进 HPLC 分析。

5. 绘制工作曲线

（1）标准曲线的绘制

用色谱纯乙腈和浓度为 $2000mg \cdot L^{-1}$ 的溴氰菊酯、醚菊酯、联苯菊酯和甲氰菊酯的乙腈标准溶液分别配制 $5\mu g \cdot L^{-1}$、$10\mu g \cdot L^{-1}$、$50\mu g \cdot L^{-1}$、$100\mu g \cdot L^{-1}$、$500\mu g \cdot L^{-1}$ 的溴氰菊酯、醚菊酯、联苯菊酯和甲氰菊酯混合标准溶液，分别用 HPLC 检测（进样条件详见色谱条件部分），绘制峰面积和浓度的线性关系曲线，得到标准曲线。

（2）工作曲线的绘制

在纯净水中分别加入 $10mg \cdot L^{-1}$ 的上述混合标准溶液，使水中溴氰菊酯、醚菊酯、联苯菊酯和甲氰菊酯的浓度分别达到上述标准曲线所取的浓度，即 $5\mu g \cdot L^{-1}$、$10\mu g \cdot L^{-1}$、$50\mu g \cdot L^{-1}$、$100\mu g \cdot L^{-1}$、$500\mu g \cdot L^{-1}$。分别用 HPLC 检测（进样条件详见色谱条件部分），绘制峰面积和浓度的线性关系曲线得到工作曲线。

6. 添加回收实验

为验证溴氰菊酯、醚菊酯、联苯菊酯和甲氰菊酯 4 种拟除虫菊酯类农药在红茶和绿茶中的回收率，本实验在空白茶水样品中加入不同浓度的这 4 种农药，以验证本方法的有效性，实验步骤同上。

7. 茶汤中拟除虫菊酯类农药残留的测定

将铁观音、金肉桂、金骏眉和黄观音 4 种茶叶分别按照实验步骤中第 2 步所示的茶水样品的制备方法处理得到茶汤。后根据实验步骤中第 4 步所示的样品前处理方法对茶汤进行前处理，基于所绘制的工作曲线，根据峰面积分别测得铁观音、金肉桂、金骏眉和黄观音茶汤中溴氰菊酯、醚菊酯、联苯菊酯和甲氰菊酯四种拟除虫菊酯类农药的残留量。

【注意事项】

1. 为考察本方法的准确度，进行加标回收实验。

2. 为充分增大样品和萃取剂的接触面积，进一步提高萃取效率，实验过程中使用注射器加入萃取剂与分散剂的混合溶液。

3. 为保证实验的精密度，不同批次实验的水浴保温、冰箱冷冻的温度及时间应保持一致。

【思考题】

1. 液相微萃取技术有哪些优点？简要概括连续液相微萃取过程。

2. 低共熔溶剂和离子液体有哪些特点？具有哪些应用前景？

3. 我国有着历史悠久的茶文化，茶叶分为几大类？茶叶种植中经常使用的农药种类有哪些？茶汤中农药残留分析常用分析方法有哪些？

【实验数据】

请参考实验 52 自行设计数据记录表格。

【实验总结】

【参考资料】

［1］ 焦彦朝，李志，徐孟怀，等．国内外茶叶农药最大残留限量标准比较分析．四川理工学院学报（自然科学版），2019，32（03）：7-12.

［2］ 时奉良，谢文涛，鲁丽娜，等．市售茶叶中主要拟除虫菊酯类农药残留量的检测与分析．河南预防医学杂志，2019，30（06）：456-457，486.

［3］ 胡继业．农药残留分析与环境毒理．北京：化学工业出版社，2010.

［4］ Mukdasai S，Thomas C，Srijaranai S. Two-step microextraction combined with high performance liquid chromatographic analysis of pyrethroids in water and vegetable samples. Talanta，2014，120：289-296.

［5］ 潘闽君，曹茜，景明，等．原位生成离子液体分散液液萃取-高效液相色谱法测定水样中的莠去津．岩矿测试，2015，34（03）：353-358.

［6］ 陈惠芳，黄丽英，黄丽萍．超声辅助原位生成离子液体分散液相微萃取结合高效液相色谱法分析硫酸沙丁胺醇和盐酸莱克多巴胺．食品工业科技，2016，37（23）：298-303，310.

［7］ Yang X，Zhang P，Li X，et al. Effervescence-assisted beta-cyclodextrin/attapulgite composite for the in-syringe dispersive solid-phase extraction of pyrethroids in environmental water samples. Talanta，2016，153：353-359.

［8］ 邱文倩，刘丽菁．高效液相色谱法快速检测水中 5 种拟除虫菊酯残留量．海峡预防医学杂志，2014，20（04）：42-44.

[9] Hu L, Wang H, Qian H, et al. Centrifuge-less dispersive liquid-liquid microextraction base on the solidification of switchable solvent for rapid on-site extraction of four pyrethroid insecticides in water samples. Journal of chromatography. A 2016, 1472: 1-9.

[10] Osch D J G P v, Zubeir L F, Bruinhorst A v d, et al. Hydrophobic Deep Eutectic Solvents: Water-Immiscible Extractants. Green Chemistry, 2015, 17 (9), 4518-4521.

[11] 朱书强, 孙世琨, 周佳, 等. 低共熔溶剂在萃取分离中的应用. 分析测试学报, 2019, 38 (06): 755-760.

4.7 自拟方案实验

【实验目的】

1. 激发学生学习的积极性，鼓励其探索或创新精神。
2. 培养学生理论联系实际以及独立分析问题、解决实际问题的综合能力。

【实验要求】

1. 在所选定的实验题目下，独立查阅资料、设计实验方案、编写预习报告、开展实验并撰写实验报告。
2. 尽可能尝试多种可能的实验方案和方法，经过比较确定最佳方案。
3. 运用所学知识，认真分析、解释实验现象和实验结果。

【实验题目】

题目1　食用米醋中总酸量和氨基酸氮含量的测定

总酸量以 HAc 计，氨基酸氮含量以 N 计，结果以质量浓度表示，分别保留三位、两位有效数字。

题目2　福尔马林中甲醛（HCHO）含量的测定

结果以质量浓度表示，保留三位有效数字。

题目3　石灰石或白云石中 CaO 及 MgO 含量的测定

题目4　自来水中永久性硬度与暂时性硬度的测定

题目5　室内空气中挥发性有机物（VOA）的测定

题目6　地表水中 Cl^- 的测定

题目7　游泳池水中余氯的测定

题目8　湖水中化学需氧量（COD）的测定

题目9　钙尔奇、液体钙中钙、锌、盐酸赖氨酸等含量的测定

题目10　$BaCl_2$ 溶液浓度的测定（不用重量法）

题目11　维生素 C 药片中抗坏血酸含量的测定

题目12　Al^{3+}-Fe^{3+} 溶液中各组分浓度的测定

附　录

附录 1　市售常用酸、碱溶液的浓度和密度

试剂名称	化学式	摩尔质量 M /g·mol^{-1}	质量分数 w /%	密度 ρ /g·mL^{-1}	物质的量浓度 c /mol·L^{-1}
冰醋酸	$C_2H_4O_2$	60.05	99.8(G. R.) 99.5(A. R.) 99.0(C. P.)	1.05	17.4
浓盐酸	HCl	36.46	36.0～38.0	1.18～1.19	11.6～12.4
氢氟酸	HF	20.01	40.0	1.13	22.5
氢溴酸	HBr	80.91	47.0	1.49	8.6
浓硝酸	HNO_3	63.01	65.0～68.0	1.39～1.40	14.4～15.2
高氯酸	$HClO_4$	100.46	70.0～72.0	1.68	11.7～12.0
浓磷酸	H_3PO_4	98.00	≥85.0	1.69	14.6
浓硫酸	H_2SO_4	98.07	95.0～98.0	1.83～1.84	17.8～18.4
浓氨水	NH_3	17.03	25.0～28.0	0.88～0.90	13.3～14.8
浓氢氧化钠	NaOH	40.00	40.0	1.43	14

附录 2　弱酸在水溶液中的解离常数（25℃）

序号	名称	化学式	$K_a^{\ominus}$	$pK_a^{\ominus}$
1	偏铝酸	$HAlO_2$	6.3×10^{-13}	12.20
2	亚砷酸	H_3AsO_3	6.0×10^{-10}	9.22
3	砷酸	H_3AsO_4	6.5×10^{-3}	2.19
			1.2×10^{-7}	6.94
			3.2×10^{-12}	11.50

序号	名称	化学式	$K_a^{\ominus}$	$pK_a^{\ominus}$
4	硼酸	H_3BO_3	5.8×10^{-10}	9.24
5	碳酸	H_2CO_3	4.2×10^{-7}	6.38
			5.6×10^{-11}	10.25
6	次溴酸	HBrO	2.4×10^{-9}	8.62
7	氢氰酸	HCN	4.9×10^{-10}	9.31
8	次氯酸	HClO	3.2×10^{-8}	7.50
9	氢氟酸	HF	6.8×10^{-4}	3.17
10	锗酸	H_2GeO_3	1.7×10^{-9}	8.78
			1.9×10^{-13}	12.72
11	高碘酸	HIO_4	2.8×10^{-2}	1.56
12	亚硝酸	HNO_2	5.1×10^{-4}	3.29
13	次磷酸	H_3PO_2	5.9×10^{-2}	1.23
14	亚磷酸	H_3PO_3	5.0×10^{-2}	1.30
			2.5×10^{-7}	6.60
15	磷酸	H_3PO_4	6.9×10^{-3}	2.16
			6.2×10^{-8}	7.21
			4.8×10^{-13}	12.32
16	氢硫酸	H_2S	8.9×10^{-8}	7.05
			1.2×10^{-13}	12.92
17	亚硫酸	H_2SO_3	1.3×10^{-2}	1.89
			6.3×10^{-8}	7.18
18	硫酸	H_2SO_4	1.0×10^{3}	−3.0
			1.0×10^{-2}	1.99
19	硫代硫酸	$H_2S_2O_3$	2.5×10^{-1}	0.60
			1.9×10^{-2}	1.72
20	氢硒酸	H_2Se	1.3×10^{-4}	3.89
			1.0×10^{-11}	11.0
21	亚硒酸	H_2SeO_3	2.7×10^{-3}	2.57
			2.5×10^{-7}	6.60
22	硒酸	H_2SeO_4	1.0×10^{3}	−3.0
			1.2×10^{-2}	1.92
23	硅酸	H_2SiO_3	1.7×10^{-10}	9.77
			1.6×10^{-12}	11.80
24	亚碲酸	H_2TeO_3	2.7×10^{-3}	2.57
			1.8×10^{-8}	7.74
25	铬酸	H_2CrO_4	3.2×10^{-7}	6.50
26	硫氰酸	HSCN	1.4×10^{-1}	0.85

序号	名称	化学式	$K_a^{\ominus}$	$pK_a^{\ominus}$
27	甲酸	HCOOH	1.7×10^{-4}	3.77
28	乙酸	CH_3OOH	1.8×10^{-5}	4.76
29	一氯乙酸	$CH_2ClCOOH$	1.4×10^{-3}	2.86
30	二氯乙酸	$CHCl_2COOH$	5.5×10^{-2}	1.26
31	甘油酸	$HOCH_2CH(OH)COOH$	2.3×10^{-4}	3.64
32	苯甲酸	C_6H_5COOH	6.2×10^{-5}	4.21
33	草酸	$H_2C_2O_4$	5.6×10^{-2}	1.25
			5.1×10^{-5}	4.29
34	柠檬酸	$HOCOCH_2C(OH)(COOH)CH_2COOH$	7.4×10^{-4}	3.13
			1.7×10^{-5}	4.76
			4.0×10^{-7}	6.4
35	乙二胺四乙酸(EDTA)	$CH_2-N(CH_2COOH)_2$ $\mid$ $CH_2-N(CH_2COOH)_2$	1.0×10^{-2}	2.00
			2.1×10^{-3}	2.67
			6.9×10^{-7}	6.16
			5.5×10^{-11}	10.26
36	水杨酸	$C_6H_4(OH)COOH$	1.0×10^{-3}	2.98
			4.2×10^{-13}	12.38
37	葡萄糖酸	$CH_2OH(CHOH)_4COOH$	1.4×10^{-4}	3.86
38	邻苯二甲酸	$o\text{-}C_6H_4(COOH)_2$	1.1×10^{-3}	2.95
			3.9×10^{-6}	5.41

附录3　弱碱在水溶液中的解离常数（25℃）

序号	名称	化学式	$K_b^{\ominus}$	$pK_b^{\ominus}$
1	氢氧化铝	$Al(OH)_3$	1.4×10^{-9}	8.86
2	氢氧化银	$AgOH$	1.1×10^{-4}	3.96
3	氢氧化钙	$Ca(OH)_2$	3.7×10^{-3}	2.43
			4.0×10^{-2}	1.40
4	氨水	$NH_3 \cdot H_2O$	1.8×10^{-5}	4.75
5	肼(联氨)	$N_2H_4 \cdot H_2O$	9.6×10^{-7}	6.02
			1.3×10^{-15}	14.9
6	羟氨	$NH_2OH \cdot H_2O$	9.1×10^{-9}	8.04
7	氢氧化铅	$Pb(OH)_2$	9.6×10^{-4}	3.02
			3.0×10^{-8}	7.52
8	氢氧化锌	$Zn(OH)_2$	9.6×10^{-4}	3.02

序号	名称	化学式	$K_b^{\ominus}$	$pK_b^{\ominus}$
9	甲胺	CH_3NH_2	4.2×10^{-4}	3.38
10	尿素(脲)	$CO(NH_2)_2$	1.5×10^{-14}	13.82
11	乙胺	$CH_3CH_2NH_2$	4.3×10^{-4}	3.37
12	乙醇胺	$H_2N(CH_2)_2OH$	3.2×10^{-5}	4.50
13	乙二胺	$H_2N(CH_2)_2NH_2$	8.5×10^{-5}	4.07
			7.1×10^{-8}	7.15
14	二甲胺	$(CH_3)_2NH$	1.2×10^{-4}	3.93
15	三乙醇胺	$(HOCH_2CH_2)_3N$	5.8×10^{-7}	6.24
16	吡啶	C_5H_5N	1.8×10^{-9}	8.74
17	六亚甲基四胺	$(CH_2)_6N_4$	1.4×10^{-9}	8.87
18	喹啉	C_9H_7N	6.3×10^{-10}	9.20
19	苯胺	$C_6H_5NH_2$	4.2×10^{-10}	9.38
20	二苯胺	$(C_6H_5)_2NH$	7.9×10^{-14}	13.10
21	联苯胺	$H_2NC_6H_4C_6H_4NH_2$	5.0×10^{-10}	9.30
			4.3×10^{-11}	10.37

附录4 常用缓冲溶液的配制

组成	pK_a	pH 值	配制方法
KCl-HCl		1.7	13.0mL 0.2mol·L^{-1} HCl 与 25.0mL 0.2mol·L^{-1} KCl 混合均匀后,稀释至100mL
氨基乙酸-HCl	2.35 (p$K_{a1}^{\ominus}$)	2.3	氨基乙酸 150g 溶于 500mL 水中后,加浓盐酸 80mL,稀释至 1L
一氯乙酸-NaOH	2.86	2.8	200g 一氯乙酸溶于 200mL 水中,加 NaOH 40g 溶解后,稀释至 1L
邻苯二甲酸氢钾-HCl	2.95 (p$K_{a1}^{\ominus}$)	2.9	500g 邻苯二甲酸氢钾溶于 500mL 水中,加浓盐酸 80mL,稀释至 1L
HAc-NaAc	4.76	3.6	16g NaAc·3H$_2$O 溶于适量水,加入 268mL 6mol·L^{-1} HAc 溶液,稀释至 1L
甲酸-NaOH	3.67	3.7	95g 甲酸和 40g NaOH 溶于 500mL 水中,稀释至 1L
NaAc-HAc	4.74	4.5	60g 无水 NaAc 和 60mL 冰醋酸溶于 200mL 水中,稀释至 1L
NaAc-HAc	4.74	4.7	83g 无水 NaAc 溶于水中,加冰醋酸 60mL,稀释至 1L
NaAc-HAc	4.74	5.0	120g 无水 NaAc 和 60mL 冰醋酸溶于 200mL 水中,稀释至 1L
六亚甲基四胺-HCl	5.15	5.4	40g 六亚甲基四胺溶于 200mL 水中,加浓盐酸 10mL,稀释至 1L
NH$_3$-NH$_4$Cl	9.26	8.0	100g NH$_4$Cl 溶于适量水中,加浓氨水 7mL,稀释至 1L
NH$_3$-NH$_4$Cl	9.26	9.0	70g NH$_4$Cl 溶于适量水中,加浓氨水 48mL,稀释至 1L
NH$_3$-NH$_4$Cl	9.26	9.2	54g NH$_4$Cl 溶于适量水中,加浓氨水 63mL,稀释至 1L
NH$_3$-NH$_4$Cl	9.26	9.5	60g NH$_4$Cl 溶于适量水中,加浓氨水 130mL,稀释至 1L
NH$_3$-NH$_4$Cl	9.26	10.0	54g NH$_4$Cl 溶于适量水中,加浓氨水 350mL,稀释至 1L
NH$_3$-NH$_4$Cl	9.26	11.0	6g NH$_4$Cl 溶于适量水中,加浓氨水 414mL,稀释至 1L

附录 5 常用基准物质的干燥及应用

名称	化学式	干燥条件	标定对象
硝酸银	$AgNO_3$	$280\sim290℃$	卤化物、硫氰酸盐
三氧化二砷	As_2O_3	室温干燥器中保存	I_2
碳酸钙	$CaCO_3$	$110\sim120℃$	EDTA
铜	Cu	室温干燥器中保存	KI
氯化钾	KCl	$500\sim600℃$	$AgNO_3$
邻苯二甲酸氢钾	$KHC_8H_4O_4$	$110\sim120℃$	$NaOH、HClO_4$
溴酸钾	$KBrO_3$	$130℃$	$Na_2S_2O_3$
草酸	$H_2C_2O_4 \cdot 2H_2O$	室温空气中干燥	NaOH
碘酸钾	KIO_3	$120\sim140℃$	$Na_2S_2O_3$
重铬酸钾	$K_2Cr_2O_7$	$140\sim150℃$	$FeSO_4、Na_2S_2O_3$
氯化钠	NaCl	$500\sim600℃$	$AgNO_3$
硼砂	$Na_2B_4O_7 \cdot 10H_2O$	含 NaCl-蔗糖饱和溶液的干燥器中保存	$HCl、H_2SO_4$
碳酸钠	Na_2CO_3	$270\sim300℃$	$HCl、H_2SO_4$
草酸钠	$Na_2C_2O_4$	$130℃$	$KMnO_4$
锌	Zn	室温干燥器中保存	EDTA
氧化锌	ZnO	$900\sim1000℃$	EDTA

附录 6 常用指示剂

1. 酸碱指示剂

指示剂名称	变色 pH 值范围	颜色变化	配制方法
甲基紫	$0.13\sim0.5$	黄~绿	0.1% 水溶液(将 0.1g 甲基橙溶于 100mL 热水)
	$1.0\sim1.5$	绿~蓝	
	$2.0\sim3.0$	蓝~紫	
百里酚蓝	$1.2\sim2.8$	红~黄	0.1g 指示剂溶于 100mL 20% 乙醇中
甲基红	$4.4\sim6.2$	红~黄	0.1g 或 0.2g 指示剂溶于 100mL 60% 乙醇中
溴酚蓝	$3.0\sim4.6$	黄~紫	0.1g 指示剂溶于 100mL 20% 乙醇中
甲基橙	$3.1\sim4.4$	红~黄	0.1% 水溶液
溴甲酚绿	$3.8\sim5.4$	黄~蓝	0.1g 指示剂溶于 100mL 20% 乙醇中
溴百里酚蓝	$6.0\sim7.6$	黄~蓝	0.05g 指示剂溶于 100mL 20% 乙醇中
酚酞	$8.2\sim10.0$	无色~紫红	0.1g 指示剂溶于 100mL 60% 乙醇中
百里酚酞	$9.3\sim10.5$	无色~蓝	0.1g 酚酞溶于 90mL 乙醇中,加水稀释至 100mL

指示剂名称	变色pH值范围	颜色变化	配制方法
甲基红-溴甲酚绿	5.1(灰)	酒红～绿	3份0.1%溴甲酚绿乙醇溶液,1份0.2%甲基红乙醇溶液
中性红-亚甲基蓝	7.0	紫蓝～绿	0.1%中性红、亚甲基蓝乙醇溶液各1份
甲酚红-百里酚蓝	8.3	黄～紫	1份0.1%甲酚红钠盐水溶液,3份0.1%百里酚蓝钠盐水溶液
百里酚酞-茜素黄R	10.2	黄～紫	0.2g百里酚酞和0.1g茜素黄R溶于100mL乙醇中

2. 金属离子指示剂

指示剂名称	测定的离子	颜色变化	pH值范围	配制方法
铬黑T(EBT)	Mg^{2+},Zn^{2+},Cd^{2+},Pb^{2+}等	酒红→蓝	8～11	0.1g铬黑T和10g氯化钠混合均匀
二甲酚橙(XO)	Bi^{3+},Zn^{2+},Cd^{2+},Pb^{2+},Hg^{2+}及稀土等	紫红～亮黄	6.3	0.5%乙醇溶液
钙指示剂	Ca^{2+}	酒红～蓝	13.5	0.1g钙指示剂和10g氯化钠混合均匀
吡啶偶氮萘酚(PAN)	Bi^{3+},Cu^{2+},Ni^{2+},Th^{4+}等	紫红～黄	1.9～12.2	0.1%乙醇溶液
磺基水杨酸	Fe^{3+}	红紫～黄	1.5～2	1%～2%水溶液
双硫腙	Zn^{2+}	红～绿紫	4.5	0.03%乙醇溶液

3. 氧化还原指示剂

指示剂名称	变色点电势 $[H^+]=1mol·L^{-1}$	颜色变化		配制方法
		氧化态	还原态	
二苯胺	0.76	紫	无色	$10g·L^{-1}$的浓硫酸溶液
二苯胺磺酸钠	0.85	紫红	无色	$5g·L^{-1}$的水溶液
邻二氮菲亚铁	1.06	淡蓝	红	1.485g邻二氮菲加0.695g $FeSO_4·7H_2O$,用水稀释至100mL
邻苯氨基苯甲酸	0.89	紫红	无色	0.11g邻苯氨基苯甲酸溶于20mL 5% Na_2CO_3溶液中,加水稀释至100mL
亚甲基蓝	0.52	蓝	无色	0.05%水溶液

4. 吸附指示剂

名称	被测离子	颜色变化	滴定条件	制备方法
荧光黄	Cl^-,Br^-,I^-,SCN^-	黄绿～粉红	pH 7～10	1%钠盐水溶液
二氯荧光黄	Cl^-,Br^-,I^-	黄绿～粉红	pH 4～10	1%钠盐水溶液
四溴荧光黄(曙红)	Br^-,I^-,SCN^-	粉红～红紫	pH 2～10	1%钠盐水溶液

附录 7　化合物的溶度积常数（25℃，$I=0$）

化合物	K_{sp}	化合物	K_{sp}	化合物	K_{sp}
AgAc	2×10^{-3}	Cr(OH)$_3$	1×10^{-31}	MgC$_2$O$_4\cdot$2H$_2$O	8.5×10^{-5}
AgBr	4.95×10^{-13}	Cu(OH)$_2$	2.6×10^{-19}	MnC$_2$O$_4\cdot$2H$_2$O	1.70×10^{-7}
AgCl	1.77×10^{-10}	CaC$_2$O$_4\cdot$H$_2$O	2.3×10^{-9}	MgNH$_4$PO$_4$	3×10^{-13}
AgI	8.3×10^{-17}	CuC$_2$O$_4$	4.43×10^{-10}	Mg$_3$(PO$_4$)$_2$	1.04×10^{-24}
Ag$_2$CO$_3$	8.1×10^{-12}	CdS	8.0×10^{-27}	NiCO$_3$	6.6×10^{-9}
AgOH	1.9×10^{-8}	CoS(α-型)	4.0×10^{-21}	Ni(OH)$_2$(新制备)	2.0×10^{-15}
Ag$_2$C$_2$O$_4$	1×10^{-11}	CoS(β-型)	2.0×10^{-25}	NiS	1.07×10^{-21}
Ag$_3$PO$_4$	1.45×10^{-16}	Cu$_2$S	2×10^{-48}	Ni(丁二酮肟)$_2$	4×10^{-24}
Ag$_2$S	6×10^{-50}	CaHPO$_4$	1×10^{-7}	PbBr$_2$	4×10^{-5}
Ag$_3$AsO$_4$	1.12×10^{-20}	Ca$_3$(PO$_4$)$_2$	1×10^{-26}	PbCl$_2$	1.6×10^{-5}
Ag$_4$[Fe(CN)$_6$]	1.6×10^{-41}	Cd$_3$(PO$_4$)$_2$	2.5×10^{-33}	PbF$_2$	2.7×10^{-8}
Al(8-羟基喹啉)$_3$	5×10^{-33}	Cu$_3$(PO$_4$)$_2$	1.3×10^{-37}	PbI$_2$	7.1×10^{-9}
Cu$_2$[Fe(CN)$_6$]	1.3×10^{-16}	Cu$_2$[Fe(CN)$_6$]	1.3×10^{-16}	PbCO$_3$	8×10^{-14}
AgSCN	1.07×10^{-12}	CuSCN	4.8×10^{-15}	Pb(OH)$_2$	8.1×10^{-17}
AgBrO$_3$	5.5×10^{-5}	CuCrO$_4$	3.6×10^{-6}	PbC$_2$O$_4$	8.51×10^{-10}
AgIO$_3$	3.1×10^{-8}	CaSO$_4$	2.4×10^{-5}	PbS	3×10^{-27}
BaF$_2$	1.05×10^{-6}	CaCrO$_4$	7.1×10^{-4}	Pb$_3$(PO$_4$)$_2$	8.0×10^{-43}
BaCO$_3$	4.9×10^{-9}	FeCO$_3$	3.2×10^{-11}	PbCrO$_4$	1.8×10^{-14}
Be(OH)$_2$(无定形)	1.6×10^{-22}	Fe(OH)$_2$	8.0×10^{-16}	PbSO$_4$	1.7×10^{-8}
BaC$_2$O$_4$	1.6×10^{-7}	Fe(OH)$_3$	3×10^{-39}	SrF$_2$	2.5×10^{-9}
BaCrO$_4$	1.17×10^{-10}	FeC$_2$O$_4\cdot$2H$_2$O	3.2×10^{-7}	SrCO$_3$	9.3×10^{-10}
BaSO$_4$	1.07×10^{-10}	FeS	6×10^{-18}	SrCrO$_4$	2.2×10^{-5}
CaF$_2$	3.4×10^{-11}	FePO$_4\cdot$2H$_2$O	1.3×10^{-22}	Sr(OH)$_2$	9×10^{-4}
CuBr	5.2×10^{-9}	Hg$_2$Cl$_2$	1.32×10^{-18}	SrC$_2$O$_4\cdot$H$_2$O	5.6×10^{-8}
CuCl	1.2×10^{-3}	Hg$_2$I$_2$	4.5×10^{-29}	SnS	1×10^{-25}
CuI	1.1×10^{-12}	HgI$_2$	2.82×10^{-29}	SnS$_2$	2×10^{-27}
CaCO$_3$	3.8×10^{-9}	Hg$_2$CO$_3$	8.9×10^{-17}	Sn(OH)$_2$	8×10^{-29}
CdCO$_3$	3×10^{-12}	HgS(黑色)	1.6×10^{-52}	ZnCO$_3$	1.7×10^{-11}
CuCO$_3$	1.4×10^{-10}	HgS(红色)	4×10^{-53}	Zn(OH)$_2$	2.1×10^{-16}
Ca(OH)$_2$	5.5×10^{-6}	Hg$_2$CrO$_4$	2.0×10^{-9}	ZnC$_2$O$_4\cdot$2H$_2$O	1.38×10^{-9}
Cd(OH)$_2$	3×10^{-14}	Hg$_2$SO$_4$	7.4×10^{-7}	ZnS	2.93×10^{-25}
Co(OH)$_2$(粉红色)	1.09×10^{-15}	MgCO$_3$	1×10^{-5}	Zn$_3$(PO$_4$)$_2$	9.1×10^{-33}
Co(OH)$_2$(蓝色)	5.92×10^{-15}	MnCO$_3$	5×10^{-10}		
Co(OH)$_3$	2×10^{-44}	Mg(OH)$_2$	1.8×10^{-11}		
Cr(OH)$_2$	2×10^{-16}	Mn(OH)$_2$	1.9×10^{-13}		

附录 8　标准电极电势（25℃）

（1）酸性溶液中

电对	方程式	$\varepsilon^{\ominus}/V$
Ag(Ⅰ)-(0)	$AgI+e^- \rightleftharpoons Ag+I^-$	-0.15224
Ag(Ⅰ)-(0)	$AgBr+e^- \rightleftharpoons Ag+Br^-$	0.07133
Ag(Ⅰ)-(0)	$AgCl+e^- \rightleftharpoons Ag+Cl^-$	0.22233
Ag(Ⅰ)-(0)	$Ag_2CrO_4+2e^- \rightleftharpoons 2Ag+CrO_4^{2-}$	0.447
Ag(Ⅰ)-(0)	$Ag^++e^- \rightleftharpoons Ag$	0.7996
Al(Ⅲ)-(0)	$AlF_6^{3-}+3e^- \rightleftharpoons Al+6F^-$	-2.069
As(Ⅲ)-(0)	$HAsO_2+3H^++3e^- \rightleftharpoons As+2H_2O$	0.248
As(Ⅴ)-(Ⅲ)	$H_3AsO_4+2H^++2e^- \rightleftharpoons HAsO_2+2H_2O$	0.56
Ba(Ⅱ)-(0)	$Ba^{2+}+2e^- \rightleftharpoons Ba$	-2.912
Br(0)-(-Ⅰ)	$Br_2(aq)+2e^- \rightleftharpoons 2Br^-$	1.0873
Br(Ⅰ)-(0)	$HBrO+H^++e^- \rightleftharpoons 1/2Br_2(aq)+H_2O$	1.574
Br(Ⅰ)-(-Ⅰ)	$HBrO+H^++2e^- \rightleftharpoons Br^-+H_2O$	1.331
Br(Ⅴ)-(0)	$BrO_3^-+6H^++5e^- \rightleftharpoons 1/2Br_2+3H_2O$	1.482
Br(Ⅴ)-(-Ⅰ)	$BrO_3^-+6H^++6e^- \rightleftharpoons Br^-+3H_2O$	1.423
C(Ⅳ)-(Ⅲ)	$2CO_2+2H^++2e^- \rightleftharpoons H_2C_2O_4$	-0.49
Ca(Ⅱ)-(0)	$Ca^{2+}+2e^- \rightleftharpoons Ca$	-2.868
Cd(Ⅱ)-(0)	$Cd^{2+}+2e^- \rightleftharpoons Cd$	-0.403
Ce(Ⅳ)-(Ⅲ)	$Ce^{4+}+e^- \rightleftharpoons Ce^{3+}$	1.72
Cl(0)-(-Ⅰ)	$Cl_2(g)+2e^- \rightleftharpoons 2Cl^-$	1.358
Cl(Ⅰ)-(0)	$HClO+H^++e^- \rightleftharpoons 1/2Cl_2+H_2O$	1.611
Cl(Ⅲ)-(Ⅰ)	$HClO_2+2H^++2e^- \rightleftharpoons HClO+H_2O$	1.645
Cl(Ⅲ)-(-Ⅰ)	$HClO_2+3H^++4e^- \rightleftharpoons Cl^-+2H_2O$	1.57
Cl(Ⅴ)-(Ⅳ)	$ClO_3^-+2H^++e^- \rightleftharpoons ClO_2+H_2O$	1.152
Cl(Ⅶ)-(Ⅴ)	$ClO_4^-+2H^++2e^- \rightleftharpoons ClO_3^-+H_2O$	1.189
Co(Ⅲ)-(Ⅱ)	$Co^{3+}+e^- \rightleftharpoons Co^{2+}(2mol \cdot L^{-1} H_2SO_4)$	1.83
Cr(Ⅵ)-(Ⅲ)	$Cr_2O_7^{2-}+14H^++6e^- \rightleftharpoons 2Cr^{3+}+7H_2O$	1.33
Cu(Ⅰ)-(0)	$Cu^++e^- \rightleftharpoons Cu$	0.521
Cu(Ⅱ)-(0)	$Cu^{2+}+2e^- \rightleftharpoons Cu$	0.3419
Cu(Ⅱ)-(Ⅰ)	$Cu^{2+}+e^- \rightleftharpoons Cu^+$	0.153
Cu(Ⅱ)-(Ⅰ)	$Cu^{2+}+I^-+e^- \rightleftharpoons CuI$	0.86
F(0)-(-Ⅰ)	$F_2+2e^- \rightleftharpoons 2F^-$	2.866
Fe(Ⅱ)-(0)	$Fe^{2+}+2e^- \rightleftharpoons Fe$	-0.447
Fe(Ⅲ)-(0)	$Fe^{3+}+3e^- \rightleftharpoons Fe$	-0.037

电对	方程式	$\varepsilon^{\ominus}/V$
Fe(Ⅲ)-(Ⅱ)	$Fe^{3+}+e^-\Longrightarrow Fe^{2+}$	0.771
H(Ⅰ)-(0)	$2H^++2e^-\Longrightarrow H_2$	0
Hg(Ⅰ)-(0)	$Hg_2I_2+2e^-\Longrightarrow 2Hg+2I^-$	-0.0405
Hg(Ⅰ)-(0)	$Hg_2^{2+}+2e^-\Longrightarrow 2Hg$	0.7973
Hg(Ⅰ)-(0)	$Hg_2Cl_2+2e^-\Longrightarrow 2Hg+2Cl^-$（饱和 KCl）	0.26808
Hg(Ⅱ)-(0)	$Hg^{2+}+2e^-\Longrightarrow Hg$	0.851
Hg(Ⅱ)-(Ⅰ)	$2HgCl_2+2e^-\Longrightarrow Hg_2Cl_2+2Cl^-$	0.63
Hg(Ⅱ)-(Ⅰ)	$2Hg^{2+}+2e^-\Longrightarrow Hg_2^{2+}$	0.92
I(0)-(−Ⅰ)	$I_2+2e^-\Longrightarrow 2I^-$	0.5355
I(Ⅰ)-(0)	$2HIO+2H^++2e^-\Longrightarrow I_2+2H_2O$	1.439
I(Ⅰ)-(−Ⅰ)	$HIO+H^++2e^-\Longrightarrow I^-+H_2O$	0.987
I(Ⅴ)-(0)	$2IO_3^-+12H^++10e^-\Longrightarrow I_2+6H_2O$	1.195
I(Ⅴ)-(−Ⅰ)	$IO_3^-+6H^++6e^-\Longrightarrow I^-+3H_2O$	1.085
Mg(Ⅱ)-(0)	$Mg^{2+}+2e^-\Longrightarrow Mg$	-2.372
Mn(Ⅱ)-(0)	$Mn^{2+}+2e^-\Longrightarrow Mn$	-1.185
Mn(Ⅳ)-(Ⅱ)	$MnO_2+4H^++2e^-\Longrightarrow Mn^{2+}+2H_2O$	1.224
Mn(Ⅶ)-(Ⅱ)	$MnO_4^-+8H^++5e^-\Longrightarrow Mn^{2+}+4H_2O$	1.507
Mn(Ⅶ)-(Ⅳ)	$MnO_4^-+4H^++3e^-\Longrightarrow MnO_2+2H_2O$	1.679
N(Ⅰ)-(0)	$N_2O+2H^++2e^-\Longrightarrow N_2+H_2O$	1.766
N(Ⅲ)-(Ⅱ)	$HNO_2+H^++e^-\Longrightarrow NO+H_2O$	0.983
N(Ⅴ)-(Ⅱ)	$NO_3^-+4H^++3e^-\Longrightarrow NO+2H_2O$	0.957
O(0)-(−Ⅰ)	$O_2+2H^++2e^-\Longrightarrow H_2O_2$	0.695
O(0)-(−Ⅱ)	$O_2+4H^++4e^-\Longrightarrow 2H_2O$	1.229
O(0)-(−Ⅱ)	$O(g)+2H^++2e^-\Longrightarrow H_2O$	2.421
O(−Ⅰ)-(−Ⅱ)	$H_2O_2+2H^++2e^-\Longrightarrow 2H_2O$	1.776
Pb(Ⅱ)-(0)	$PbSO_4+2e^-\Longrightarrow Pb+SO_4^{2-}$	-0.3588
Pb(Ⅱ)-(0)	$PbI_2+2e^-\Longrightarrow Pb+2I^-$	-0.365
Pb(Ⅱ)-(0)	$PbCl_2+2e^-\Longrightarrow Pb+2Cl^-$	-0.2675
Pb(Ⅱ)-(0)	$Pb^{2+}+2e^-\Longrightarrow Pb$	-0.1262
Pb(Ⅳ)-(Ⅱ)	$PbO_2+SO_4^{2-}+4H^++2e^-\Longrightarrow PbSO_4+2H_2O$	1.6913
S(0)-(−Ⅱ)	$S+2H^++2e^-\Longrightarrow H_2S(aq)$	0.142
S(Ⅱ.Ⅴ)-(Ⅱ)	$S_4O_6^{2-}+2e^-\Longrightarrow 2S_2O_3^{2-}$	0.08
S(Ⅳ)-(0)	$H_2SO_3+4H^++4e^-\Longrightarrow S+3H_2O$	0.449
S(Ⅵ)-(Ⅳ)	$SO_4^{2-}+4H^++2e^-\Longrightarrow H_2SO_3+H_2O$	0.172
S(Ⅶ)-(Ⅵ)	$S_2O_8^{2-}+2e^-\Longrightarrow 2SO_4^{2-}$	2.01
Se(Ⅵ)-(Ⅳ)	$SeO_4^{2-}+4H^++2e^-\Longrightarrow H_2SeO_3+H_2O$	1.151
Si(Ⅳ)-(0)	SiO_2（石英）$+4H^++4e^-\Longrightarrow Si+2H_2O$	0.857
Sn(Ⅱ)-(0)	$Sn^{2+}+2e^-\Longrightarrow Sn$	-0.1375
Zn(Ⅱ)-(0)	$Zn^{2+}+2e^-\Longrightarrow Zn$	-0.7618

（2）碱性溶液中

电对	方程式	$\varepsilon^{\ominus}/V$
* Ag(Ⅰ)-(0)	$[Ag(CN)_2]^- + e^- \Longrightarrow Ag + 2CN^-$	-0.31
* Ag(Ⅰ)-(0)	$[Ag(NH_3)_2]^+ + e^- \Longrightarrow Ag + 2NH_3$	0.373
* Co(Ⅱ)-C(0)	$[Co(NH_3)_6]^{2+} + 2e^- \Longrightarrow Co + 6NH_3$	-0.422
* S(Ⅳ)-(Ⅱ)	$2SO_3^{2-} + 3H_2O + 4e^- \Longrightarrow S_2O_3^{2-} + 6OH^-$	-0.58
* Zn(Ⅱ)-(0)	$[Zn(CN)_4]^{2-} + 2e^- \Longrightarrow Zn + 4CN^-$	-1.26
* Zn(Ⅱ)-(0)	$[Zn(NH_3)_4]^{2+} + 2e^- \Longrightarrow Zn + 4NH_3$	-1.04
Ag(Ⅰ)-(0)	$Ag_2S + 2e^- \Longrightarrow 2Ag + S^{2-}$	-0.691
Ag(Ⅰ)-(0)	$AgCN + e^- \Longrightarrow Ag + CN^-$	-0.017
Ag(Ⅱ)-(Ⅰ)	$2AgO + H_2O + 2e^- \Longrightarrow Ag_2O + 2OH^-$	0.607
Al(Ⅲ)-(0)	$H_2AlO_3^- + H_2O + 3e^- \Longrightarrow Al + OH^-$	-2.33
As(Ⅲ)-(0)	$AsO_2^- + 2H_2O + 3e^- \Longrightarrow As + 4OH^-$	-0.68
As(Ⅴ)-(Ⅲ)	$AsO_4^{3-} + 2H_2O + 2e^- \Longrightarrow AsO_2^- + 4OH^-$	-0.71
B(Ⅲ)-(0)	$H_2BO_3^- + H_2O + 3e^- \Longrightarrow B + 4OH^-$	-1.79
Ba(Ⅱ)-(0)	$Ba(OH)_2 + 2e^- \Longrightarrow Ba + 2OH^-$	-2.99
Bi(Ⅲ)-(0)	$Bi_2O_3 + 3H_2O + 6e^- \Longrightarrow 2Bi + 6OH^-$	-0.46
Br(Ⅰ)-(-Ⅰ)	$BrO^- + H_2O + 2e^- \Longrightarrow Br^- + 2OH^-$	0.761
Br(Ⅴ)-(-Ⅰ)	$BrO_3^- + 3H_2O + 6e^- \Longrightarrow Br^- + 6OH^-$	0.61
Ca(Ⅱ)-(0)	$Ca(OH)_2 + 2e^- \Longrightarrow Ca + 2OH^-$	-3.02
Cd(Ⅱ)-(0)	$Cd(OH)_2 + 2e^- \Longrightarrow Cd + 2OH^-$	-0.809
Cl(Ⅰ)-(-Ⅰ)	$ClO^- + H_2O + 2e^- \Longrightarrow Cl^- + 2OH^-$	0.841
Cl(Ⅲ)-(-Ⅰ)	$ClO_2^- + 2H_2O + 4e^- \Longrightarrow Cl^- + 4OH^-$	0.76
Cl(Ⅴ)-(-Ⅰ)	$ClO_3^- + 3H_2O + 6e^- \Longrightarrow Cl^- + 6OH^-$	0.62
Cl(Ⅴ)-(Ⅲ)	$ClO_3^- + H_2O + 2e^- \Longrightarrow ClO_2^- + 2OH^-$	0.33
Cl(Ⅶ)-(Ⅴ)	$ClO_4^- + H_2O + 2e^- \Longrightarrow ClO_3^- + 2OH^-$	0.36
Co(Ⅱ)-(0)	$Co(OH)_2 + 2e^- \Longrightarrow Co + 2OH^-$	-0.73
Co(Ⅲ)-(Ⅱ)	$[Co(NH_3)_6]^{3+} + e^- \Longrightarrow [Co(NH_3)_6]^{2+}$	0.108
Co(Ⅲ)-(Ⅱ)	$Co(OH)_3 + e^- \Longrightarrow Co(OH)_2 + OH^-$	0.17
Cr(Ⅲ)-(0)	$Cr(OH)_3 + 3e^- \Longrightarrow Cr + 3OH^-$	-1.48
Cr(Ⅲ)-(0)	$CrO_2^- + 2H_2O + 3e^- \Longrightarrow Cr + 4OH^-$	-1.2
Cr(Ⅵ)-(Ⅲ)	$CrO_4^{2-} + 4H_2O + 3e^- \Longrightarrow Cr(OH)_3 + 5OH^-$	-0.13
Cu(Ⅰ)-(0)	$Cu_2O + H_2O + 2e^- \Longrightarrow 2Cu + 2OH^-$	-0.36
Cu(Ⅱ)-(0)	$Cu(OH)_2 + 2e^- \Longrightarrow Cu + 2OH^-$	-0.222
Fe(Ⅲ)-(Ⅱ)	$Fe(OH)_3 + e^- \Longrightarrow Fe(OH)_2 + OH^-$	-0.56

电对	方程式	$\varepsilon^{\ominus}/\text{V}$
Fe(Ⅲ)-(Ⅱ)	$[Fe(CN)_6]^{3-}+e^-\Longrightarrow[Fe(CN)_6]^{4-}$	0.358
H(Ⅰ)-(0)	$2H_2O+2e^-\Longrightarrow H_2+2OH^-$	-0.8277
Hg(Ⅱ)-(0)	$HgO+H_2O+2e^-\Longrightarrow Hg+2OH^-$	0.0977
I(Ⅰ)-(−Ⅰ)	$IO^-+H_2O+2e^-\Longrightarrow I^-+2OH^-$	0.485
I(Ⅴ)-(−Ⅰ)	$IO_3^-+3H_2O+6e^-\Longrightarrow I^-+6OH^-$	0.26
Mg(Ⅱ)-(0)	$Mg(OH)_2+2e^-\Longrightarrow Mg+2OH^-$	-2.69
Mn(Ⅱ)-(0)	$Mn(OH)_2+2e^-\Longrightarrow Mn+2OH^-$	-1.56
Mn(Ⅵ)-(Ⅳ)	$MnO_4^{2-}+2H_2O+2e^-\Longrightarrow MnO_2+4OH^-$	0.6
Mn(Ⅶ)-(Ⅳ)	$MnO_4^-+2H_2O+3e^-\Longrightarrow MnO_2+4OH^-$	0.595
Mn(Ⅶ)-(Ⅵ)	$MnO_4^-+e^-\Longrightarrow MnO_4^{2-}$	0.558
N(Ⅲ)-(Ⅱ)	$NO_2^-+H_2O+e^-\Longrightarrow NO+2OH^-$	-0.46
N(Ⅴ)-(Ⅲ)	$NO_3^-+H_2O+2e^-\Longrightarrow NO_2^-+2OH^-$	0.01
Ni(Ⅱ)-(0)	$Ni(OH)_2+2e^-\Longrightarrow Ni+2OH^-$	-0.72
O(0)-(−Ⅱ)	$O_2+2H_2O+4e^-\Longrightarrow 4OH^-$	0.401
O(0)-(−Ⅱ)	$O_3+H_2O+2e^-\Longrightarrow O_2+2OH^-$	1.24
P(Ⅰ)-(0)	$H_2PO_2^-+e^-\Longrightarrow P+2OH^-$	-1.82
P(Ⅲ)-(0)	$HPO_3^{2-}+2H_2O+3e^-\Longrightarrow P+5OH^-$	-1.71
Pb(Ⅳ)-(Ⅱ)	$PbO_2+H_2O+2e^-\Longrightarrow PbO+2OH^-$	0.247
Pt(Ⅱ)-(0)	$Pt(OH)_2+2e^-\Longrightarrow Pt+2OH^-$	0.14
S(0)-(−Ⅱ)	$S+2e^-\Longrightarrow S^{2-}$	-0.47627
S(Ⅱ,Ⅴ)-(Ⅱ)	$S_4O_6^{2-}+2e^-\Longrightarrow 2S_2O_3^{2-}$	0.08
S(Ⅵ)-(Ⅳ)	$SO_4^{2-}+H_2O+2e^-\Longrightarrow SO_3^{2-}+2OH^-$	-0.93
Se(0)-(−Ⅱ)	$Se+2e^-\Longrightarrow Se^{2-}$	-0.924
Se(Ⅳ)-(0)	$SeO_3^{2-}+3H_2O+4e^-\Longrightarrow Se+6OH^-$	-0.366
Si(Ⅳ)-(0)	$SiO_3^{2-}+3H_2O+4e^-\Longrightarrow Si+6OH^-$	-1.697
Sn(Ⅱ)-(0)	$HSnO_2^-+H_2O+2e^-\Longrightarrow Sn+3OH^-$	-0.909
Sn(Ⅳ)-(Ⅱ)	$[Sn(OH)_6]^{2-}+2e^-\Longrightarrow HSnO_2^-+H_2O+3OH^-$	-0.93
Zn(Ⅱ)-(0)	$Zn(OH)_2+2e^-\Longrightarrow Zn+2OH^-$	-1.249
Zn(Ⅱ)-(0)	$ZnO_2^{2-}+2H_2O+2e^-\Longrightarrow Zn+4OH^-$	-1.215
Zr(Ⅳ)-(0)	$H_2ZrO_3+H_2O+4e^-\Longrightarrow Zr+4OH^-$	-2.36

附录 9 常见配离子的稳定常数（20~25℃）

配离子	K_f	$\lg K_f$	配离子	K_f	$\lg K_f$
$[Ag(En)_2]^+$	7.0×10^7	7.84	$[FeY]^-$	2.1×10^{14}	14.32
$[Ag(NCS)_2]^-$	4.0×10^8	8.6	$[FeY]^-$	1.2×10^{25}	25.07
$[Ag(NH_3)_2]^+$	1.1×10^7	7.04	$[GaY]^-$	1.8×10^{20}	20.25
$[Ag(NH_3)_2]^+$	1.7×10^7	7.24	$[HgY]^{2-}$	6.3×10^{21}	21.79
$[AgNH_3]^+$	2.0×10^3	3.3	$[InY]^-$	8.9×10^{24}	24.94
$[AgY]^{3-}$	2.0×10^7	7.3	$[MgY]^{2-}$	4.9×10^8	8.69
$[BaY]^{2-}$	6.0×10^7	7.77	$[MnY]^{2-}$	1.0×10^{14}	14
$[BiY]^-$	8.7×10^{27}	27.94	$[NaY]^{3-}$	5.0×10^1	1.69
$[CaY]^{2-}$	3.7×10^{10}	10.56	$[NiY]^-$	4.1×10^{18}	18.61
$[CdY]^{2-}$	3.8×10^{16}	16.57	$[PbY]^{2-}$	1.0×10^{18}	18
$[CoY]^-$	1.6×10^{16}	16.2	$[SrY]^{2-}$	4.2×10^8	8.62
$[CoY]^-$	1.0×10^{36}	36	$[TlHY]$	1.5×10^{23}	23.17
$[CrY]^-$	2.5×10^{23}	23.4	$[TlY]^-$	3.2×10^{22}	22.51
$[Cu(CN)_2]^-$	2.0×10^{38}	38.3	$[ZnY]^{2-}$	3.1×10^{16}	16.49
$[Cu(NH_3)_2]^+$	7.4×10^{10}	10.87	$Fe(SCN)_3$	4.4×10^5	5.64
$[CuY]^{2-}$	6.8×10^{18}	18.79	FeF_3	1.1×10^{12}	12.04

参 考 文 献

［1］ 北京大学化学与分子工程学院分析化学教研组 . 基础分析化学实验 . 3 版 . 北京：北京大学出版社，2010.

［2］ 武汉大学化学与分子科学学院实验中心 . 分析化学实验 . 2 版 . 武汉：武汉大学出版社，2013.

［3］ 武汉大学主编 . 分析化学实验 . 5 版 . 北京：高等教育出版社，2011.

［4］ 金谷，等 . 分析化学实验 . 合肥：中国科学技术大学出版社，2010.

［5］ 李莉，等 . 分析化学实验 . 哈尔滨：哈尔滨工业大学出版社，2016.

［6］ 华南师范大学化学实验教学中心 . 基础化学实验：分析化学实验 . 北京：化学工业出版社，2008.

［7］ 鲁润华，等 . 分析化学实验 . 北京：化学工业出版社，2012.

［8］ 武汉大学主编 . 分析化学 . 6 版 . 北京：高等教育出版社，2016.

［9］ 彭崇慧，等 . 分析化学：定量化学分析简明教程 . 3 版 . 北京：北京大学出版社，2009.